Chemistry Primer Series ④

Chemical Bonding Second Edition

フレッシュマンのための 化学結合論 第2版

Mark J. Winter 著

西本吉助・岩崎光伸 訳

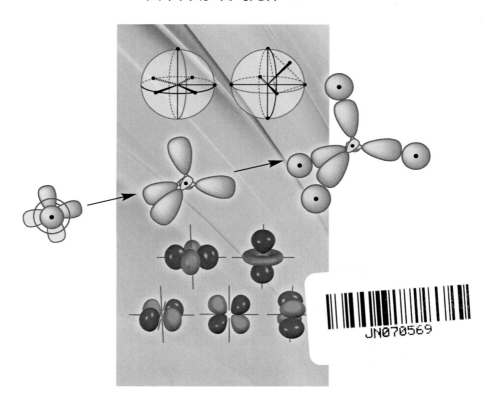

化学同人

Chemical Bonding

Second Edition

Mark J. Winter

ま え が き

　本書では，数学的なことはなるべく避けて，化学結合の諸概念をわかりやすく説明したつもりである．内容は厳密さをてらわず，また先生向けではなく学生が読むことを念頭において執筆した．本書は，数学的にきちんと書かれた詳しい内容の化学結合論の教科書の副読本になればよいと願っている．また，本書に盛り込めなかった d−ブロック金属化合物の化学結合については，化学コース向け "Oxford Chemistry Primers" シリーズの別の本で取り上げている．この入門書は大学 1 年生を対象としており，その後，無機化学コースへ進む学生に確固たる基盤を与えてくれるだろう．この第 2 版では，初版の誤りの訂正と，イオン結合と金属結合に関する基本情報を含むルイス結合図の構築についての新しい資料を追加している．

　初版では Duncan Bruce, Alison Cherry, Bill Clegg, Mike Morris, Barry Pickup, また第 2 版の執筆にあたっては，Patrick Fowler, Anthony Meijer, Grant Hill に数々のご助言をいただいたことをここに深く感謝する．

シェフィールド大学 化学科
2016 年 3 月

Mark Winter

訳者まえがき

　この本は，高校で習った古典的化学結合論（ルイスの化学結合論）と，大学で習う新しい化学結合論（量子化学的化学結合論）との橋渡しとなる良書である．読んでいけばわかるように，ルイスの化学結合論が，量子化学的化学結合論で美しく化粧直しされている．

　この本は大学の化学科1年生向けに書かれているので，訳すにあたっては以下の点に気をつけたつもりである．まず第一は，直訳ではなく，著者はこういいたいに違いないと考えながら，なるべくわかりやすい日本語に訳したことである．たとえば，書き出しが"Chemistry is about molecules"であるが，英語の表現としては素晴らしいのに，日本語に直訳すると"化学は分子についてである"となり，つまらないものになってしまう．そこで本書では，これを"化学は分子が主役の学問である"と訳してみた．たとえば"Boys be ambitious"は"少年たちよ野心家であれ"ではなく，"少年よ大志を抱け"がぴったりである．また，直訳すると意味が通じないところは，私の言葉で書いた．第二は，原書に戻らなければ意味がわからないということがないよう，専門語にはなるべく英語を併記した．第三は，"orbital"の訳としては"軌道"が定着しているが，軌道は電子が走る道で，電子の粒子性に由来するものであるのに対し，orbitalは電子の波動性を表すので，混乱を避けるためにオービタルと訳した．1.6節のタイトルは"From orbits to orbitals"で，これを"軌道から軌道へ"と訳したのでは，何のことかわからない．日本語に適切な訳語がない場合は，無理をしないでカタカナが使われる．たとえば，エネルギー，エントロピー，エンタルピー，ポテンシャル，シミュレーション，コンピューターと，数え切れないほど多くの例がある．それに，意味が違う二つの専門用語に，同じ訳語をあてがうわけにはいかない．また，著者の明らかな誤りは，独断で修正したことを断っておく．

　しかし，原子軌道や分子軌道はすでに定着した用語なので，本書では，原子軌道＝Atomic Orbital＝AO，分子軌道＝Molecular Orbital＝MOであるから，それぞれAO，MOと略した．

　本書が，夢をもって大学に入学した化学科学生に，少しでも勉学の意欲をかきたてることができれば幸いである．本書を翻訳するにあたって，ワープロの仕事は綿谷千穂嬢にお願いした．ご協力を深く感謝します．また，この本の訳をすすめて下さった化学同人編集部の稲見國男氏には大変お世話になった．心からお礼申し上げる．

1996年盛夏　　西本 吉助

第2版の翻訳にあたって

　2013年に第1版の訳者である西本吉助先生が逝去された．長年，教科書として採用している縁もあり，第2版の翻訳を引き継いだ．第2版では，「まえがき」で触れられている以外にも，各章末には「まとめ」が，巻末には「用語解説」が追加され，より一層学びやすくなった．最後に西本先生を偲び，ここに哀悼の意を表す．

2020年2月　　岩崎 光伸

3　二原子分子の化学結合　53

6　多原子分子の化学結合と MO 法　　109

1 簡単な化学結合について

1.1 はじめに

　本章では，ルイス式で表した原子を組み合わせてできた結合のルイス表記について簡単に紹介する．単結合，多重結合，供与結合を含む分子の**ルイス式** (Lewis structure)[†1] の組み立て方を示す．本書はルイスの共有結合に焦点を当てるが，本章ではイオン結合の格子（塩）や金属における球の充塡についても簡単に触れる．

　原子どうしをどのように結びつけるかを理解することは簡単ではない．結合とは，正電荷の原子核と負電荷の電子との間との静電相互作用によるものであることは明らかである．化合物の化学結合には，共有結合とイオン結合の二つの結合様式がある．鉄のように金属中で原子どうしを結合する結合様式は金属結合という（1.5節）．

　われわれが呼吸している空気中に存在する酸素分子（O_2）や窒素分子（N_2）のような二原子からなる化合物は，電子対結合により結ばれている．水（H_2O）やアンモニア（NH_3）のような多原子分子も同様である．これは**共有結合** (covalent bonding) である（1.3節）．

　食塩（NaCl, 塩化ナトリウム）のような化合物の結合は，静電引力によって結ばれた正に帯電したイオン（陽イオン）と負に帯電したイオン（陰イオン）との規則的な配列として考えられる．形式的には，電子1個がナトリウムから塩素に移動して，Na^+ と Cl^- となり，それらが食塩の結晶格子を形成する．これが**イオン結合** (ionic bonding) である（1.4節）．

　もっと詳細な解析から，ほとんどの化合物の結合は，通常，共有結合とイオン結合との間にあり，100%共有結合性と100%イオン結合性との間のどこかに位置する．

　結合を記述するには簡単な方法もそうでない方法もある．結合を記述する方法はどんなものでもモデルといい，最も複雑で洗練された方法でも完璧ではない．結合のルイスモデル（**点と線で表す結合**）は簡単であり，20世紀からこ

三つの主要な結合様式は，**共有結合，イオン結合，金属結合**である．

[†1] 訳者注：Lewis structure の邦訳として，ルイスの構造式，ルイスの分子構造式，ルイスの電子式，ルイス式といろいろあるが，本書では，ルイス式を採用した．

共有結合：電子を共有している原子核間に位置する電子密度の領域．

イオン結合：陽イオン（カチオン）と陰イオン（アニオン）の電荷の間で起こる静電引力からなる，電気陰性度が非常に異なる原子間での結合．

Gilbert Lewis（ギルバート・ルイス）：1875-1946. 彼は，一つ目の原子と二つ目の原子との間での原子価電子の相互作用に基づいた結合の理論を発展させた.

希ガスまたは貴ガス：He, Ne, Ar, Kr, Xe, Rn.

ファンデルワールス力：分子上の電子密度における一時的な揺らぎが双極子をもたらす. これが隣の分子の電子密度の揺らぎ（双極子）をもたらす. その結果，一時的に形成された二つの双極子間で引力が働く.

コア電子：原子番号が小さい方の最も近い希ガスの電子数に相当する内殻の電子.

原子価電子：コア電子ではないすべての電子.

の分野について研究した G. N. ルイス（G. N. Lewis）によるものである. とくに，この時代，原子構造について視覚的に何も知られていなかったので，彼の化学への貢献は絶大である.

ときには，原子は，通常の結合で結びつかないものもある. 例としては，第18族の希ガスがある. これらは単原子分子の気体である. 第18族の希ガスは，冷却すると凍結して，原子が規則的に配列した格子を形成する. 固体として存在するので，少なくともこれらの固体では原子と原子との間にある相互作用がある. これらの相互作用は非常に弱い引力である，**ファンデルワールス力**（van der Waals force）として知られている.

ルイスの結合モデル（1.2, 1.3 節）はこの点においては問題であるが，簡単であるという非常に大きな利点がある. 結合をルイスモデルで表記したときに何か欠陥が生じるときには，それ以上に洗練されたモデルが必要である. おそらく，**混成モデル**（hybridization model）（第 5 章）がよいであろう. そのモデルが役に立たないならば，たぶん，**分子軌道法**（molecular orbital method, MO 法）（第 6 章）という異なったモデルがより適切であろう.

1.2　原子のルイス式

ルイス式で共有結合やイオン結合（1.3, 1.4 節）を記述するには原子のルイス式を理解することが必要である.

化学結合を考えるときには，原子の電子配置を完全に書きあげることはむしろ不便である. というのは，化学反応には原子価電子のみが関与するからである. たとえば，フッ素の場合，七つの原子価電子がある（ヘリウムの閉殻構造の外に七つの電子，ヘリウムはフッ素の一つ前の周期の希ガスである）.

ルイス式は原子価電子の数のみを表し，通常，閉殻の電子を表さず，必要なときのみ閉殻電子を示す. フッ素の電子構造はルイス式により :Ḟ· と表される. ここで 7 個の点は 7 個の原子価電子を表す. フッ素の右隣の閉殻構造をとる原子はネオンである. ネオンはフッ素より 1 個多く電子をもち，フッ化物イオン，F⁻（:Ḟ:⁻）はネオンと同じ電子配置をもつ. 最初のいくつかの元素について原子のルイス式（表 1.1）を書いてみると，なぜこれらの構造が周期的になるのかが明確にわかる. すなわち，原子価電子の数はおのおのの列で同じである.

表 1.1　原子番号 18 までの元素の原子のルイス式

·H							He:
·Li	·Be	·Ḃ	·Ċ	:Ṅ·	:Ö·	:Ḟ·	:Ne:
·Na	·Mg	·Al	·Si	:Ṗ·	:S̈·	:Cl·	:Ar:

1.3 ルイスの共有結合

　1916 年，ルイスは，共有結合を 2 個の原子間に局在する電子対によって結ばれる相互作用であると提案した．つまり，2 個の原子間で 2 電子を共有することである．電子の貸し借りについていえば，ほとんどの分子において，2 個の原子がそれぞれ電子を 1 個ずつ提供して結合を形成する．これが，簡単で便利な**ルイス結合**（ときには**ルイス点結合**もしくは**ルイスの点と線結合**として知られている）の表記の基本となっている．この考え方はルイスによって展開されたので，このような式をしばしば**ルイス式**とよぶ．

　共有結合のルイス式の真髄は，共有結合に関与する原子は隣の原子と電子を共有することにより，その原子に最も近い希ガスの電子配置をとろうとすることである．ルイスは，共有結合性化合物では，第 2 周期のたいていの原子は 8 電子に取り囲まれていると考えた．周期表の右側にある第 2 周期元素に対して，その原子に最も近い希ガスはネオンである．ネオンは 8 個の原子価電子をもっている．第 2 周期元素は，隣接する原子と互いに電子を共有して 8 個の原子価電子を獲得する．すべての原子価電子軌道は 8 個の電子（8 電子）で満たされているので，ここでは 8 という数字は重要である．

　水素に一番近い希ガスはヘリウムであり，ヘリウムにはたった 2 個の原子価電子しかない．したがって，水素は 8 電子（たとえば，ネオンやアルゴンの原子価電子数）とはならず，その代わりに 2 個（2 電子）で満たされる．

　最も簡単な中性分子は水素分子であり，水素分子のルイス式も同様に簡単である．中性の水素原子はそれぞれ 1 個ずつ電子をもっている．水素分子 H_2 では，隣の水素原子と電子を共有することによって，それぞれの水素原子は，次の希ガスの電子配置，すなわち 2 電子をもつヘリウム原子の電子配置をとる．これは H:H（ここで「:」は電子対を表す）もしくはもっと簡単に H−H と表記される．「−」の表記は二つの水素原子間に位置する 2 個の電子を表し，そしてこれら 2 個の電子は水素の原子核をともに結びつける結合を形成する．水素分子にはいくつかの相互作用があり，これらは図 1.1 に表記されている．2 個の点電荷間に相互作用する力は，2 個の点電荷の距離の二乗で変化する．2 個のプロトンは正に帯電しているので，互いに反発する．2 個の電子は負に帯電して互いに反発する．しかし，四つのプロトン−電子間の引力は，これらの反発を相殺し，さらにそれを補って余りある．これらの合計六通りの相互作用が，水素分子における正味の結合となるのである．

　分子内の原子の数が増加するとそれに伴って電子の数も増加するため，相互作用の状況は複雑となる．このモデルには欠点がある．たとえば，原子核も電子も点電荷ではない．それにもかかわらず，このモデルは有益である．

ルイス式：結合原子間に位置するドットで原子価電子を示す分子構造の描き方．ドット対は 2 個の電子の共有結合を表す．

ルイスのオクテット則：第 1 列の元素の原子価殻に収容できるの最大の電子対は 4 個で，全体で 8 個の電子であるという規則．この規則は，とくに周期表の下の方の原子番号の元素に対しては，多くの例外がある．

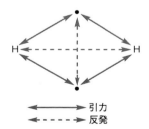

引力
反発

図 1.1 H_2 の 2 個の水素原子核と 2 個の電子（ドットで表現）で表される点電荷間の相互作用

1.3.1　二原子分子のオクテット則

　フッ素分子 F_2 は H_2 より多くの電子をもっているが，F_2 におけるフッ素の電子配置は H_2 と同じように考えてよいだろう．フッ素原子は 7 個の原子価電子をもっているので，希ガスのネオンの電子配置をとるためには，もう 1 個電子が必要となる．それを実現するためには，ほかのフッ素原子の電子 1 個を共有すればよい．（負に帯電した）共有した電子は，静電引力により正に帯電した原子核どうしを結びつけている．この結果得られた分子:F̈:F̈:には，もう一つ別の事柄が隠されている．この分子には，ほかの原子と共有しない 6 個の電子対があることである．このような電子対を**孤立電子対**（lone pair）という．孤立電子対はほかのフッ素原子の孤立電子対と互いに反発し合う．このような反発相互作用は，電子を共有することによる結合エネルギーにマイナスの寄与をする．その結果，フッ素分子における 2 個のフッ素原子間の結合はとても弱くなる．これが，F_2 が非常に反応性に富んでいる理由の一つになっている．

　1916 年，この方法でルイスによって構築された化学構造式は，電子を表記するためにドットを使用している．これは，オクテットをとくにはっきりとさせている．しかしながら，分子が 2, 3 個以上の原子を含むと，ドットの数がわかりにくくなりはじめ，ルイスのドット構造式が不便になる．このルイス式をはっきりとしておくためには二つの調整が必要である．第一に，:F̈:F̈: のかわりに F–F もしくは :F̈–F̈: のように線によって結合を表記するのが一般的である．1 本の線は :F̈:F̈: において二つの共有電子に対応し，ドットよりも便利な表記法である．第二に，ドット対（2 個のドット）は，孤立電子対を表記するのに使われる．しかし，孤立電子対はしばしば関心があるときのみ記す．F_2 において最も興味深い電子は共有電子であり，しばしばフッ素分子中の 6 個の孤立電子対は図から省かれ，その結果，より簡単な構造式である F–F（もしくは結合に対してドットを好むのであれば F:F）となる．

　六つの原子価電子をもつ酸素原子がネオンの**オクテット構造**（octet structure）をとるためには，さらに 2 個の電子が必要である．酸素原子がこの構造をとるためには，別の酸素原子の電子 2 個を共有して結合すればよい．この場合，その結果できる分子は酸素分子 O_2 である．2 個の酸素原子核の間で二組の共有電子対をもつことになる．2 個の原子の間に局在した 1 個の共有電子対は**単結合**（single bond）と定義され，したがって原子間に 2 個の電子対があるときには 2 個の結合，すなわち**二重結合**（double bond）となる．酸素分子の**結合次数**は 2 であり，酸素分子は Ö::Ö もしくは Ö=Ö と書く．酸素原子はそれぞれ 2 個の孤立電子対をもち，O_2 分子としては全部で四つの孤立電子対をもつ．随意，これらは簡略して O::O もしくは O=O として構造式を表記する．

　窒素は 5 個の原子価電子をもっており，オクテット則から，窒素分子，N_2,

孤立電子対：ほかの原子と共有しない原子価電子対.

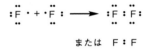

または　F:F

または　F—F

酸素 O_2：酸素分子.

結合次数：ルイス式で与えられた二つの原子核間における電子対結合の数，典型的には 1（エタンの C–C 結合），2（エテンの C=C 結合），3（エチンの C≡C 結合）.

:Ö· + ·Ö: ⟶ O::O

または　O::O

または　O⦂O

または　O=O

では，別の窒素原子の電子3個を共有し，三つの結合となる．N_2 は，$N\equiv N$ と書き，**三重結合**（triple bond）である．結合次数は3である．おのおのの窒素原子はちょうど一つの孤立電子対をもつ．N_2 の化学ではしばしば孤立電子対が重要であるので，その構造はたいてい:$N\equiv N$:と書かれる．

そのほかの二原子分子のルイス式を書くためには，2個の原子がもっている電子の総数を数え，理想的には結合しているそれぞれの原子についてオクテット則を満たすように電子を並べる．すなわち，一酸化炭素は，4個の原子価電子をもつ炭素と6個の原子価電子をもつ酸素からなり，合計10個の原子価電子をもっている．これは窒素分子 $N\equiv N$（構造式，:$N\equiv N$:）がもっている原子価電子と同じ数である．一酸化炭素は10個の原子価電子をもち，それらは窒素分子と同じよう（:$C\equiv O$:と書く）に10個の電子を原子のまわりに並べる．電荷をもつ分子種では，一価の陰イオンの場合には点を1個加え，一価の陽イオンの場合は点を一つ取り去る．したがって，シアニドイオン CN^- やニトロソニウムイオン NO^+ は両方とも10電子系である，2個の原子の間に三重結合を書く．N_2，CO，CN^-，NO^+ のように原子の数が同じで電子の総数も同じ分子を**等電子的**（isoelectronic）であるという．等電子化合物の化学は互いによく似ている．

窒素 N_2：窒素分子.

等電子：少なくとも分子中の元素が一つは違うが，原子価電子数や原子間の結合性が同じであるならば，異なった分子は等電子的である．

1.3.2 共通の略語と末端基

数多くの略語が，特定の原子や官能基（表1.2）を示すのに化学論文でしばしば使われている．よくみられる末端グループの例を表1.3にまとめている．

表1.2 特定の原子または官能基を表す一般的な略語

記号	定　義
M	金属元素
E	とくに非金属の典型元素
R	アルキル基（しばしばアリール基）
Me	メチル基（CH_3）
Et	エチル基（C_2H_5）
Ar	アリール基（アルゴンも Ar であるが，アリール基でよいだろう）
Ph	フェニル基（C_6H_5）
X	ハロゲンとしてよく使用されるが，単結合 E:X のように，関心のある元素（E）に結合する，元素やグループに対する一般的な記号として使用される．
X_2	関心のある元素（E）と E::X 結合として二つ結合する，元素やグループ（表1.3）．
X_3	関心のある元素（E）と E⋮X 結合として三つ結合する，元素やグループ（表1.3）．
L	2電子で M:L 結合して，関心のある元素（通常は金属，M）と結合するグループ（配位子）．ただし，この二つの共有電子は，L の孤立電子対に由来する．これは，供与（配位）結合である．

表 1.3　単結合，二重結合，三重結合で結合した末端グループの例

結合数	クラス	結合表記	例
1	X	E:X または E—X	・H, ・F, ・Cl, ・Br, ・I
			・OH, ・OR, ・SR, ・SeR, ・O⁻, ・S⁻
			・NH₂, ・NR₂, ・PR₂, ・AsR₂
			・CN, ・Me, ・Ph, ・R, ・COR, ・SiR₃, ・GeR₃, ・SnR₃
			・Mn(CO)₅, ・Au(PPh₃), ・HgCl
2	X₂	E::(X₂) または E=(X₂)	・O・, ・S・, :CR₂, :C=CR₂, :NR, :N⁻
3	X₃	E⋮(X₃) または E≡(X₃)	N, CR

1.3.3　多原子分子のルイス式

　ルイスの理論を多原子分子の構造に拡張するのは比較的簡単である．多原子分子のルイス式は，単結合，二重結合，三重結合，もしくは孤立電子対を表す結合を単に表記することである．ここで，すべての原子は可能な限りオクテット則（八電子則あるいは八隅子則ともいう．水素原子では二隅子則）に従う．

　一般的に，オクテット則が適用されるかどうかということによって，原子の性質などを説明できるわけではない．オクテット則は，8 という数字が重要であることに注目しているが，それ以外の説明は何もない．すなわち，いくつかの化学の知識を必要とする．

　分子のルイス式を構築するには，原子と原子との結びつきをあらかじめ知っておかなければならない．一例として，実験式 C_2H_3N が与えられても，その構造が MeC≡N:（シアン化メチル）なのか，MeN≡C:（イソシアン化メチル）なのか，あるいはそれとは別の構造なのかを知る方法はルイスの理論にはない．

　ルイス式は分子の立体構造を描けない．しかし，分子のルイス式は，かなり的確に p‒ブロック化合物の立体構造を予想（第 4 章）することができる簡単なアルゴリズムの基本を形づくっている．ここに示した方法（表 1.4 にまとめられ，表 1.5 に例が示されている）は実際に役に立つ．別の例は図 1.2 に示されているが，導き方は示されていない．エテン（エチレン，$H_2C=CH_2$）のルイス式では，二重結合もうまく説明できることに注目しよう．この方法は，同様に数個の中心原子をもつようなより大きな分子においてもそれぞれの中心原子に適用できる．一番目の炭素原子は中心原子で，二つの・H と一つの＝CH₂ と結合する．この分子は対称であることから，二番目の炭素原子も一番目のものと同様に取り扱う．

　1.　中心原子を見きわめる（E と表記される，関心のある元素もしくは原子）．中心原子はたいてい最も陽性の元素，すなわち周期表の下の方で左の方の元素である．分子のなかで水素が最も陽性の原子であるときでさえ，水素は中心元素とはならない．ルイスのオクテット則はほとんどの p‒ブロックの元素に適用できるが，水素には適用されない．というのは，水素では，2 個の電子のみ

p‒ブロック元素：周期表の六つの族（第 13 〜 18 族）を含む元素．

表 1.4　ルイス式をつくるための手順のまとめ（手順の例は表 1.5 に示されている）

ステップ	手　順	コメント
1	中心原子もしくは関心のある原子を見きわめる	たいていは最も大きい原子，周期表の下の方で左の方のもの
2	正であろうと負であろうと，電荷を中心原子に割り当てる	
3	中心原子のまわりに取りつけるグループを配置し，原子価電子を示すためにドットを描く	おのおのの電子に対してドット 1 個を使う
4	すべての取りつけるグループを中心原子に単結合，二重結合，三重結合で結合する	各結合に対しておのおのの原子から電子 1 個を使う　多重結合の割り当てに対しては表 1.3 をみよ
5	1 個以上多重結合のグループが二重結合や三重結合で結合していれば，ステップ 4 のもと負電荷を中心原子から結合したグループに移動する	たとえば，この方法で負電荷を末端の酸素原子につけると MO 相互作用はもはや $M^-=O$ で表されるのではなく，$M-O^-$ で表される．これらの電荷をできるだけ均等に広げる
6	必要があれば，共有電子対のドットを線に代える	たとえば $M:F$ を $M-F$，$M::O$ を $M=O$ と書く
7	残っている電子は孤立電子対である	孤立電子対は中心原子や周辺原子上にあるだろう．必要ならば，孤立電子対を取り除く（図 1.3）

表 1.5　表 1.4 で示したルイス式を描くための手順の例

分子		NH_4^+	PF_6^-	SO_4^{2-}
ステップ 1	中心原子 E を見きわめる	N	P	S
ステップ 2	まずは，全体の電荷を中心原子に割り当てる	N^+	P^-	S^{2-}
ステップ 3	原子を配置せよ，すべての原子価電子をドットで描く			
ステップ 4	すべての取りつけるグループを中心原子に単結合，二重結合，三重結合で結合して配置する			
ステップ 5	多重結合があれば，負電荷の位置を調整する			
ステップ 6, 7	必要があれば，すべての共有電子対のドットを線に代える			

ステップ 6, 7 の構造式：

NH_4^+：中心の N^+ に 4 個の H が単結合で結合した四面体状の構造

PF_6^-：中心の P に 6 個の F が単結合で結合した八面体状の構造

SO_4^{2-}：$O=S=O$ に上下 2 個の O^- が単結合で結合した構造

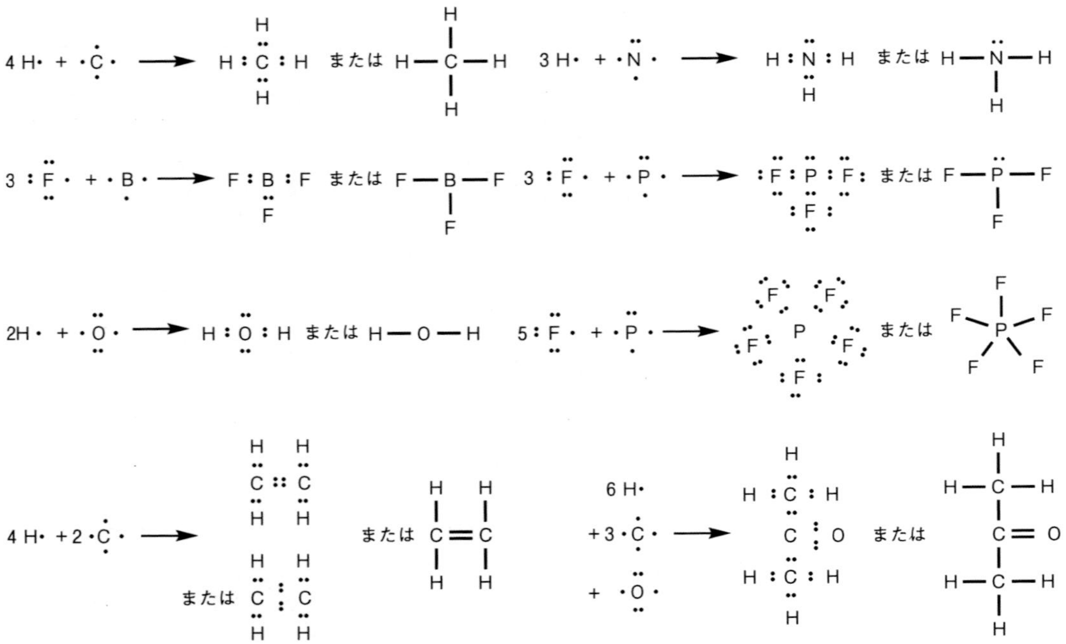

$4H\cdot + \cdot \overset{\cdot}{\underset{\cdot}{C}}\cdot \longrightarrow$ 　H:C:H　または　H—C—H　　$3H\cdot + \cdot \overset{\cdot}{\underset{\cdot}{N}}\cdot \longrightarrow$　H:N:H　または　H—N—H

$3:\overset{\cdot\cdot}{\underset{\cdot\cdot}{F}}\cdot + \cdot \overset{\cdot}{B}\cdot \longrightarrow$　F:B:F　または　F—B—F　　$3:\overset{\cdot\cdot}{\underset{\cdot\cdot}{F}}\cdot + \cdot \overset{\cdot}{\underset{\cdot}{P}}\cdot \longrightarrow$　:F:P:F:　または　F—P—F

$2H\cdot + \cdot \overset{\cdot\cdot}{\underset{\cdot\cdot}{O}}\cdot \longrightarrow$　H:O:H　または　H—O—H　　$5:\overset{\cdot\cdot}{\underset{\cdot\cdot}{F}}\cdot + \cdot \overset{\cdot}{\underset{\cdot}{P}}\cdot \longrightarrow$　(PF5 構造)　または　(PF5 立体構造)

$4H\cdot + 2\cdot\overset{\cdot}{\underset{\cdot}{C}}\cdot \longrightarrow$　(C2H4 構造)　または　C=C　　$6H\cdot + 3\cdot\overset{\cdot}{\underset{\cdot}{C}}\cdot + \cdot\overset{\cdot\cdot}{\underset{\cdot\cdot}{O}}\cdot \longrightarrow$　(アセトン構造)　または　(アセトン構造式)

図 1.2　多原子分子のルイス式の例
一般的に，末端の原子の孤立電子対は省略する．たとえば，PF_3 においては P の孤立電子対を書くのは一般的だが，原子番号 9 の F については省略する．

がそれらからなる価電子殻を完成するのである．水素は単結合のみを形成し，したがってつねに末端であることを意味する．結果的に，アンモニア NH_3 中の窒素や，水 H_2O 中の酸素は，水素より電気的陰性が大きいにもかかわらず中心原子である．

　2．**まず，分子全体の電荷を中心原子に割り当てる**．正であろうと負であろうと，電荷は中心元素に置くが，多重結合が存在するときには，電荷の位置を調整することもある（ステップ 5 を参照）．したがって，NH_4^+ の正電荷は窒素原子に，SO_4^{2-} の 2 個の負電荷は硫黄原子に割り当てる．

　3．**中心原子のまわりに末端グループを割り当てる**．そして原子価電子を示すためのドットを描く．負電荷では中心元素 E にドットをつけ加え，正電荷にはドットを取り除く．

　4．**名目上，すべてのグループを単結合，二重結合，もしくは三重結合で結合させる（表 1.3）**．中心原子からドット 1 個（電子 1 個ごとにドット 1 個）と周辺のグループからドット 1 個を用いてすべて結合させて，分子を完成させる．ほとんどのグループは単結合で結合するが，末端の酸素原子 O のようなものは二重結合で結合することで，酸素原子はルイスのオクテット則を維持している（酸素は 6 個の電子をもち，2 個の電子を獲得することでオクテットを完成する．そして，これらは二つの共有結合となる）．三重結合で中心原子

に結合した末端グループは，たとえば，E≡N あるいは E≡CR のように表される．ここで，N と C はそれぞれルイスのオクテット則を維持している．

5. **もし多重結合が存在するならば，負電荷の位置を調整する**．中心原子とそれと結合したグループの間で多重結合（E＝O など）が 1 個以上ある場合は，負電荷を結合しているグループに移動する．このように負電荷を末端の酸素原子へ移動すると，MO 相互作用はもはや二重結合 M^-＝O（酸素原子 O 上に 2 個の孤立電子対）で表されるのではなく，単結合 M−O^-（酸素原子 O 上に 3 個の孤立電子対）で表される．負電荷が酸素原子へ移動することで，酸素は 6 個から 7 個へ電子数が増加するからである．これにより，単結合のときのみ酸素原子がオクテット則を満たすことがわかる．このように負電荷を末端の酸素原子に割り当てる理論的根拠は，酸素は電子を強く引きつけるので負電荷は末端の酸素に配置されるということである（酸素原子は中心原子より<u>電気的陰性</u>である）．

6. ルイス式で結合を線で表示する方法を好むのであれば，**すべての共有電子対のドットを線として示すように書き換える**．

7. **残っている電子は孤立電子対である**．中心原子や末端の原子上の孤立電子対はどれも 2 個のドットとして表す．もしくは，表さない（図1.3）．

電気陰性度：分子中でそれ自身に電子を引きつける原子の力．L. ポーリングにより導出された．現在，いくつもの異なった電気陰性度の尺度がある．ポーリングの電気陰性度では，フッ素は最も電気的に陰性で，放射線元素以外ではセシウムは最も電気的に陽性である．

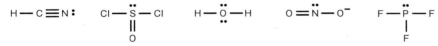

図1.3 孤立電子対が中心原子のみに示されたルイス式

1.3.4 供与結合

ときには，ルイス式では，2 個の原子のうち 1 個の原子のみから見かけ上 2 個の電子をだして単結合することがある．そのよい例として，H_3N−BF_3 がある．ここでは，窒素原子とホウ素原子との間で単結合が形成されている．ホウ素は原子価電子を 3 個しかもっていないので，これらはすべて 3 個のフッ素原子と結合するのに使われる．しかしながら，ホウ素は窒素と結合するための電子がもはやない．一方，NH_3 は 1 個の孤立電子対をもち，NH_3 の孤立電子対の 2 個の電子は B−N 結合を形成するために使われる．窒素は自分のもっている孤立電子対をホウ素と共有して，**付加体**（adduct）$H_3N → BF_3$ をつくる（図1.4）．これを**供与結合**（dative bonding）もしくは**供与型共有結合**（dative covalent bonding）という．通常，供与的な相互作用を $H_3N → BF_3$ と記述する．矢印→は，2 個の電子の供与型共有の相互作用で，分子中のそのほかの単結合とは区別できることがわかる．

そして，矢印記号は電子数を計算するには便利であろう．他方，矢印は共有

ルイス塩基：電子供与体．これらは，ルイス酸に配位をとおして電子対を提供するであろう．したがって，ルイス供与体をつくる．

ルイス酸：電子対の受容体．

ルイス供与体：ルイス塩基は，ルイス酸に配位することで電子対を提供する．このことにより，ルイス供与体ができる．

供与結合：分子種間の相互作用を形成した配位結合，そこで一つは供与であり，ほかの一つは共有電子対の受容体である．

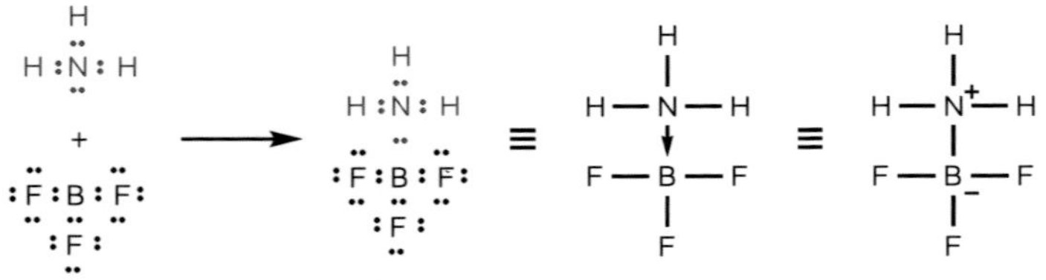

図 1.4 ルイス塩基 NH_3 とルイス酸 BF_3 の反応で付加体 $H_3N \rightarrow BF_3$ を形成

結合とは違うことを示しているということには少し違和感がある．共有電子による結合も供与結合も二電子結合であるが，いったん化学結合が形成されると，その結合の電子が共有結合によるものか供与結合によるものかを区別することができない．この例として，NH_3 はルイス塩基であり，BF_3 はルイス酸である．供与という言葉の起源はラテン語の**与える**（*dare*）からきている．$H_3N^+ - B^- F_3$ とも表記される．

1.3.5 オクテット則の例外

　第 2 周期の元素はオクテット則の例外はほとんどない．フッ化ホウ素 BF_3 のルイス式では，すべてのフッ素原子はオクテット則による電子配置をとるが，ホウ素はたった 6 個しか電子をもっていない．BF_3 は，電子をもっているものと反応する傾向があるという化学的性質がある．それによってオクテット則の電子配置が達成される．もう一つの例としては，中性の二酸化窒素，NO_2 である．この場合，窒素と二つの酸素の原子価電子の総数は奇数（$5 + 6 + 6 = 17$）であるので，すべての原子がオクテット則を満たすわけではない．この構造は $O = \overset{\cdot +}{N} - O^-$ もしくは $O = \overset{\cdot}{N} \rightarrow O$ と表され，ここで窒素は 8 個の電子ではなく 7 個の電子で囲まれている．

　オクテット則は，第 2 周期以下の多くの典型元素にも適用されるが，例外も増える．PF_5 や SF_6 のような分子における中心元素では，ルイス式における原子価電子の数は 8 より大きい．これは，ときには d オービタルが結合に参加することに起因するが，PF_5 や SF_6 の結合のほかの表記（本書の目的から外れる）には言及しない．

1.3.6 共 鳴 構 造

　一般に，これまでに述べた規則は，簡単で受け入れられやすいルイス式での話である．与えられた構造が最良であるかは保証の限りではない．たとえば，$[SO_4]^{2-}$ の構造（表 1.5 のステップ 5）が最もよく描かれているが，ある計算結果では単結合を含む構造（表 1.5 のステップ 3）が最も重要であることを示唆している．

　分子によっては，一つ以上の構造を描くのが最良である．酢酸 MeCOOH

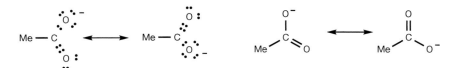

図 1.5 $MeCO_2^-$の二つの共鳴構造（ドット構造と線構造で表したルイス式）

は溶液中で電離して，ある割合で酢酸イオン $MeCO_2^-$を形成する．酢酸イオンの構造を表すドット構造式（図 1.5）として二通りを描くことができる．二つの構造式はともに実際の構造に寄与しており，これらは均等である．実際の構造では二つの CO の結合距離は等しく，酢酸イオンの**共鳴混成体**（resonance hybrid）のいずれかというわけではない．実際の構造は二つの構造の共鳴混成体である．この二つの構造間での内部変換（いわゆる **flickering**）を起こしているのではない．実際の構造は一つだけであって，それをルイス式一つだけでは描くことはできないということである．共鳴構造はよく用いられるので，これに精通することは良いことである．

　酢酸イオンでは，二つの共鳴構造は縮重[†2] している．ほかの多くの場合は，共鳴構造は縮重していない．たとえば，その一例としてシアネートイオン CNO^-があり，その二つの最も重要な構造は酸素原子上に電荷が一つあるものと，もう一つは窒素原子上に一つ電荷があるものである．

1.3.7 極性構造と非対称二原子分子

N_2, O_2 や F_2 のような等核二原子分子は対称であり，2 個の原子間に電荷の偏りがない．これらの化合物においては，電子を共有することにより 100% 共有結合が生じる．HF のような二原子分子における結合も共有結合であるが，偶然のことがない限り二つの原子間に電荷の偏りが現れる．H−F のような二原子分子では，フッ素は水素から電子密度を引きつける．この結果，分子中のフッ素原子上では電子密度が増加し，水素原子上では減少して，結合は**極性**をもつようになる（図 1.6）．H−F 中のフッ素原子は非常に電気的に陰性である．**電気陰性度**（electronegativity）とは，分子のなかで原子が電子を引き寄せる力を表し，その大きさを数値で示す．フッ素のように電子を引き寄せる原子は非常に電気的に陰性である．電子を引き寄せる力の弱い原子は電気的陰性が弱く，電気的に陽性である．数値的に表した電気陰性度の尺度はさまざまあり，ポーリング（Linus C. Pauling）の電気陰性度やマリケン（Robert S. Mulliken）の電気陰性度が一般に使われている．一般的な周期表では，原子の電気陰性度は，右へ行くほど，また上へ行くほど大きくなり，電気的に陰性になる．また，周期表の左へ行くほど，そして下へ行くほど，電気陰性度は小さくなる．すなわち，**電気的に陽性**（electropositive）になる．

共鳴混成：原子価電子を局在化して結合を描いた分子の表記．いくつかの分子は数個の共鳴混成で表記される．

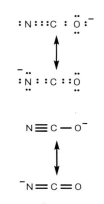

[†2] 訳者注：縮重とは，エネルギーが等しいことをいう．

$\delta+ \quad \delta-$
H−F ≡ H—F

図 1.6 H−F 結合が分極していることを示す二つの方法

H−F では二つの原子間に電荷の偏りがあるので，共有結合以外に<u>イオン結合の寄与</u>がある．異なった原子間における結合ではほとんどの場合電荷に偏りがあり，したがってある程度イオン結合性がある．

いま，フッ化リチウム LiF について考えてみよう．フッ素原子は電子を強く引き寄せ，リチウム原子は電子を引き寄せる力が弱い．<u>両方</u>の原子に対してオクテット則を満足させる一つの方法は，非常に電気的に陽性なリチウムから非常に電気的に陰性なフッ素に 1 個の電子を完全に移動することである．フッ素はネオンの電子配置をとり，リチウムはヘリウムの電子配置をとる．このように電子移動した後のルイス式は [Li]⁺[:F̈:]⁻ となる．リチウム原子から電子を 1 個取り去るためにはイオン化エネルギーを要する反面，フッ素原子に電子 1 個加えることによって**電子親和力**（electron affinity）だけ得をする．Li^+ イオンと F^- イオンとの間の静電相互作用エネルギーは，電子移動に使うエネルギーの損失よりもはるかに大きい．これがイオン結合である（1.4 節）．とくに，一方の原子が電気的に陽性であり，もう一方の原子が電気的に非常に陰性である場合の二原子分子では，イオン結合が有利である．

しかし，実際には，電子の移動は完全ではない．リチウムイオンとフッ化物イオンとが近づくと，フッ素の電子雲は隣接する電荷によって変形する．陰イオンのまわりの電子雲は陽イオンの方に変形するのである．これによって，電荷の一部が結合軸に沿って陽イオンの方へ<u>移動</u>する．そのため，核間領域で電子密度が増え，部分的には共有結合となる．このような陰イオンの電子雲がいくらか変形することはいつも起こるので，その結果<u>100%イオン結合となることは不可能</u>である．以上のことからわかるように，2 原子からなるイオン結合構造では，電気陰性度の大きい原子のほうに電子がほぼ完全に移動し，大きく分極した**極性結合**（polar bonding）となる．実際には，すべての二原子分子の結合様式は，<u>100% 共有結合から 100% イオン結合</u>までの**幅広い範囲**にわたっている．

100% イオン結合 − 非常に極性 − 少しだけ極性 − 100% 共有結合

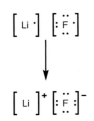

イオン化エンタルピー：反応 M→M⁺ におけるエンタルピー変化．

電子親和力：M⁻→M の反応におけるエンタルピー変化．

1.4　イオン構造

陰イオン（アニオン）：一つ以上の負電荷をもつ原子か化合物．

陽イオン（カチオン）：一つ以上の正電荷をもつ原子か化合物．

周期表の右側のいくつかの原子は，電子を<u>獲得して</u>陰イオンを形成する．そして原子価電子の全電子数は<u>最も近い</u>希ガスと同じになる．周期表の左側の元素の原子は電子を<u>失って</u>陽イオンを形成し，その原子価電子数も<u>最も近い</u>希ガスと同じになる．身近な塩である食塩 NaCl では，塩素はナトリウムから電子を一つ獲得して〔式（1.1）〕塩化物イオン（Cl⁻，オクテット則を満たすアルゴンの電子構造）を形成し，オクテットを満たす．一方，ナトリウムは原子価電子を失ってナトリウムイオン Na⁺（オクテット則を満たすネオンの電子構造）

となる.

$$[\cdot Na][\cdot \ddot{\underset{\cdot\cdot}{Cl}}:] \rightarrow [Na]^+[:\ddot{\underset{\cdot\cdot}{Cl}}:]^-　\qquad(1.1)$$

　食塩の化学式は NaCl と書かれるが二原子分子ではない. 食塩のようなイオン結合性化合物は規則的な結晶格子中で陽イオンと陰イオンが整列している（図 1.7）. イオン構造と金属結合は規則的な結晶格子が存在するので, これら二つの構造は関連が深い（1.5 節）.

　陰イオンは, 陽イオンよりも大きい. したがって, 陰イオンの球を規則的に詰め込んで配列すると, 塩の結晶格子を可視化できる. 陽イオンは残った空間, もしくは空孔に配置する. イオンの大きさを定義することは簡単ではない. 金属などの一成分からなるものでは, 金属の原子間距離の半分として金属半径を定義するのがよい. この方法は二つ以上の元素からなる塩のような物質には役に立たない. 食塩における Cl^- と Na^+ との間の距離は約 282 pm であり, その長さは Cl^- と Na^+ の半径の総和となる. 塩においては, 陰イオンと陽イオンとの間のどんな相互作用によって, 陽イオンはどこから始まり, 陰イオンはどこまでなのか. もし一つのイオンの大きさがわかっているか, もしくは定義されているならば, もう一つのイオンの大きさも計算できるであろう. 現在の換算方法は, 一つの陰イオンの大きさ〔六配位の酸化物イオン O^{2-} を 126 pm と R. D. シャノン（R. D. Shannon）によって定義された〕を定義することで, この値を使ってこの単純な値に基づいてほかのすべてのイオン（結晶半径）の大きさを決定するものである.

　第 1 族のハロゲン化物である NaCl の結晶構造は立方晶である（図 1.7）. すべてのハロゲン化物が同じように立方晶構造を示すとは限らない. 陽イオンの大きさがナトリウムイオンの大きさよりも非常に大きいと, 陰イオンからなる立方晶最密充塡配列における空孔に当てはまる陽イオンが十分な空間でないことがある. セシウムイオン（174 pm）がこの場合に当てはまる. 塩化セシウムは異なった構造であり, より大きなセシウムイオンは六つの塩化物イオンではなく八つの塩化物イオンに囲まれている.

　どんな結晶格子でも, すべての結合を測定することで格子エネルギーを得ることができる. これは, 関連するもののエンタルピー変化であり, 食塩の場合では, $Na^+(g)$ 1 mol と $Cl^-(g)$ 1 mol から 1 mol の NaCl(s) を形成するためのエンタルピー変化である. この値は, 直接に測定できないが, 測定可能なエンタルピー変化と既存のほかのエンタルピー変化を用いて間接的に得られる. たとえば, 食塩形成の格子エネルギーは, 二つの方法 **ボルン・ハーバー（Born–Haber）サイクル**をとおして構成元素からアプローチできる（図 1.8）. 標準状態における構成元素からの食塩の形成は, 生成エンタルピー $\Delta_{生成}H^{\ominus}$ であり, 直接測定可能な値である. 生成エンタルピーは一連の構成プロセス, す

図 1.7 NaCl 格子における原子の配列
ナトリウムイオン（Na^+）は塩化物イオン（Cl^-）よりも小さい.

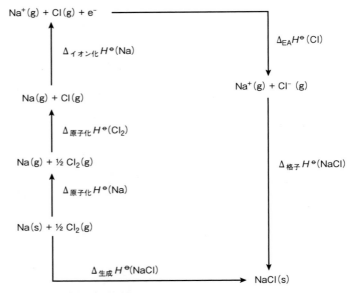

図 1.8　食塩 NaCl のボルン・ハーバーサイクル

$\Delta_{原子化}H^{\ominus}(Cl_2)$ の値は $0.5\Delta_{結合解離}H^{\ominus}(Cl_2)$ に同じ. $\Delta_{EA}H^{\ominus}(Cl)$ は電子付加エンタルピーに同じで, $\Delta_{電子親和}H^{\ominus}(Cl)$ に同じである.

なわちナトリウムの原子化, 塩素の原子化, ナトリウムのイオン化, 塩素の電子親和 (EA), そして格子形成からなる. **ヘスの法則** (Hess's law) により, これらの構成プロセスのエンタルピー変化の総和は生成エンタルピーの総和と同じである. イオン化エンタルピー, 原子化のエンタルピー, 生成エンタルピー, そして電子親和エンタルピーがわかると, 格子エネルギーを計算できるであろう.

　多くの場合, 格子エネルギーは, 計算可能である. 実験的に得られる格子エネルギーが, 化合物が純粋にイオン結合であると仮定して計算した値とマッチしない場合, その差異はその化合物が実際にはイオン結合ではなく, 共有結合が寄与した構造によるものであろう. 共有結合の寄与とは, 近接した陽イオンの影響による電子雲の歪みによるものである. どんなイオン結晶における結合においても共有結合成分があるが, それは大きくないであろう.

1.5　金属構造

　金属-金属結合の性質がどうであろうと, 隣接の金属原子どうしで相互作用がある. 金属は融点が高いので, 強い結合が存在するに違いない. しかし, その形状はたやすく変化し, 固体の金属中で原子は互いに移動することが可能であることを示している. 金属の結合を描くためにはいくつかの方法がある. その一つは, 金属を陽イオンの規則的な格子の配列として把握することであり,

金属結合は電子を欠損して「海」に放つので, イオン化エネルギーが低い元素で起こる. s-, d-, f-ブロックといくつかの p-ブロックの元素で金属結合が起こる.

ここでおのおのの陽イオンは金属原子より少ない原子価電子をもつ金属原子からなる．これらの原子価電子は陽イオンから離れ，陽イオンどうしの空間は離れた電子の「海」で覆われる．電子の「海」は移動でき，そのことから金属が高い電気伝導性をもつことが説明できる．より精錬されたレベルでは，「海」のなかの電子の振舞いはバンドレベルモデルを用いて描かれるが，本書の範囲外である．

　金属の固体構造について考えると，これらの金属芯を小さな固い球としてそれらがともに充填したものとするのは都合がよい．三次元空間中の原子もしくは球の配列を可視化する必要がある．固体の金属中の原子は無秩序に配置されているわけではなく，これらは規則的に繰り返す結晶の配列で配置されている．金属原子を規則的な格子配列に配置する方法は数多くある．最も簡単な結晶配列の一つはまずは立方体配列が思いつく（図1.9）．おそらく驚くべきことに，立方晶型をとる単相の金属はポロニウム金属のみである．

　一つの金属原子がもっとも多くの数のほかの金属原子に囲まれていたとき，一つの金属原子がほかの原子と結合する数が最大となる．したがって，一つの球を囲む球の数を最大にするための充填法を理解しなければならない．

　これを解析するための一つのアプローチとしては，できるだけ小さい空間でトレイのなかに多くの球を配置することである．その結果は図1.10の左の配置で，これは六角形の配置である．おのおのの球は6個のほかの球によって囲まれていることに注目しよう．次の段階は第1層の上に第2層を配置することである．実際には，第2層の球はきちんと位置づけられ，第1層と同じ六角形配列で，第1層と位置がずれたものとなる（図1.10の中央）．二つの層を区別するために，第1層をa，第2層をbとする．

　第3層の球は，第1層の球の上に直接並べられる．したがって，第3層もaと分類される．三つの層の構造はabaである．このパターンがより多くの層で続くと，その構造はabababababababと表される（図1.10の右）．この構造における球は，可能な限り最大に詰まっており，その詰まり方は最密充填といわれている．六角形の詰まり方であることから，その構造を六方最密充填構

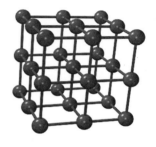

図 1.9 ポロニウム金属の原子の立方晶配列

図 1.10 ababab 六方最密充填構造
a層とb層はそれぞれ淡い球と濃い球である．右の構造は4層を示し30°に回転している．

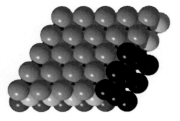

a層　　　　　　　a層の上にb層　　　　　　a層とb層の上にc層

図 1.11　abcabcabc の立方最密充填構造

造とよぶ．この構造内にあるおのおのの球は 12 個のほかの球と接しており，配位数は 12 である．

　第 3 層が三番目の位置 c を占有する，もう一つの可能性がある．これは，図 1.11 の中央の図の構造中に明らかにみられる空孔の上に第 3 層を積み重ねることである．この結果は図 1.11 の右図に示されている．このことから，これらの層の繰り返し構造は abcabcabcabc… となる．この構造は立方最密充填構造とよばれている．図 1.11 の abcabc 構造を回転したものを図 1.12 に再び示しており，これから黒塗りの球は立方最密充填構造であることが明らかである．

　金属がいずれかの最密充填構造であれば，金属の原子核間距離の半分を金属半径と定義できる．最密充填構造の配位数は 12 であるので，これはその金属に対して r_{12} として参照される．

　ababab と abcabc という構造は，単位体積当たりに占有する空間の百分率としては最も効率が良い．しかし，通常，すべての金属がこの二つの構造のうちのどちらかを示すわけではない．第 1 族，第 5 族と第 6 族の元素の金属やそれ以外の 1，2 の金属は，体心立方構造として知られ，その充填率は最密充

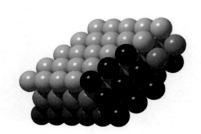

図 1.12　立方晶を明確に示すために，図 1.11 を回転した abc 構造

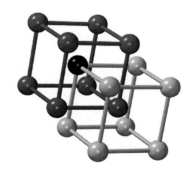

図 1.13　体心立方構造

原子間をつなげている棒は結合ではない．これらは原子配列を幾何学的に理解しやすくするために描かれている．

塡構造より少し小さい（図1.13）.

　この充塡の形では，六角形の配列で1個の原子がそのほかの6個の原子によって囲まれた第1層ではなく，正方形の配列で4個のほかの原子で囲まれた原子で構成されている．第2層は，空孔を満たすように位置をずらすと，正方形配列となる．第3層は第1層の上に自然に重なり，これらの層全体の構造はabababab となる．図1.13にはこの構造の16個の原子を抜き取ったものを示しており，これが体心立方構造の基本構造となる．8個の濃い灰色の球はa層の隣接した二つの層であり，完全な立方体を形成する．それ以外の8個の球はb層からなり，b層のうち非常に黒い球はa層の8個の原子からなる立方体のちょうど中心に位置する．この構造では，（末端は除くが）この構造中のどの原子も8原子からなる立方体配列の中心であることに注目しよう.

　このような金属において，その配位数は8であるので，体心立方構造の原子間距離の半分として定義した半径 r_8 を最密充塡構造の金属の半径 r_{12} と直接比較するのはまったく正しくない．その代わりに，体心立方構造で得られた半径の値を，12配位のものとして反映させて計算し直したものを図1.14に示している．同じ周期内では，金属半径はd-ブロックの中央で小さくなる傾向にあることに注目してほしい．第1のd-ブロック元素は，第2，第3のd-ブロック元素より小さく，第2，第3のd-ブロック元素は互いにほとんど同じ大きさである.

族

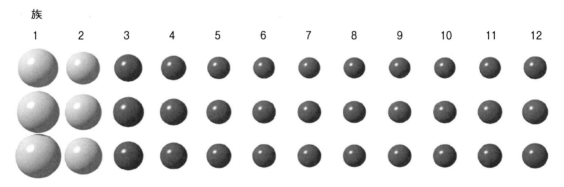

図1.14 d-ブロック元素（第3〜12族）とs-ブロック元素（第1,2族）の相対的な金属半径（12配位）

1.6　まとめ

- 三つの主要な結合様式は，共有結合，イオン結合，金属結合である．
- 共有結合は，2個の原子間に位置する電子対によってともに結びついた 2 個の原子による相互作用である．
- イオン結合化合物は，陽イオン（カチオン）と陰イオン（アニオン）の規則的配列で構成され，イオン結合は陽イオンと陰イオンの電荷の間で起こる静電引力からなる．
- 等核二原子分子の二つの原子間では電荷の不均衡はない．しかし，異核二原子分子では電荷の不均衡があり，このような結合は極性をもつ．電荷の不均衡があるため，結合にはイオン結合性が寄与する．
- 金属は，陽イオンの規則的な格子配列と見なせるであろう．そのおのおのは原子価電子よりも少ない電子をもっている金属原子からなり，原子価電子はすべての金属陽イオンから切り離されて，陽イオン間の空間は切り離された電子の「海」で満たされている．

1.7　演習問題

1. H_2O_2, $AlCl_3$, Al_2O_3, CO_2, SO_2, SO_3, HCN, HNC, HNO_3, $HClO_4$, H_2SO_4, SF_4, SF_6, NO_2^-, NO_2, N_2O_4, NO_2^+ についてのルイス式を組み立てよ．

2. SO_4^{2-}, O_3, NO_2, NO_2^-, NO_3^-, C_6H_6, SCN^- の共鳴構造についてのルイス式を組み立てよ．

2 原子の構造

2.1 はじめに

化学は**分子**（molecule）が主役の学問である．分子は**原子**（atom）が化学結合してできる．したがって化学結合を理解するために，結合に関与する原子の真の姿を理解しておかなければならない．ここでは，原子論の展開についての歴史を詳しく述べる余裕はないが，その概略だけは述べておきたい．

2.2 原子構造の歴史的概要

いまから 2000 年以上も昔のこと，ギリシャの哲学者デモクリトス（Democritus）は，物質のかけらを二つに割り，それをさらに二つに割ることを続けていくと，最後はどうなるだろうかと考えた．もうこれ以上かけらを二つに割ることができないところへ行き着くのだろうか．それとも，限りなく二つに割っていけるのだろうかと．デモクリトスは，もうこれ以上分割できないところがあるに違いないと予想した．彼は，この分割不可能な究極の**基本単位**を原子と名づけた．そして物質の違いは，構成原子の大きさ，形，種類，原子の混じる割合の違いによるものだと予想した．これは偉大な推論であるが，一般には受け入れられなかった．彼の理論の難点は，それを立証する手立てがなかったことである．

ローマの詩人であったルクレティウス（Lucretius）は，"*De Rerum Natura*（自然のなりたち）" という叙事詩を書いた．彼の自然観は，デモクリトスの考えをもとにしたエピクロスの説に基づいていた．ルクレティウスは夢のなかで，渦巻いている無数の原子からなる原始宇宙をみたという．原子は集まって小さな粒子となり，小さな粒子が集まって大きな粒子となり，そして最後にそれらが組み合わされて世界ができたと考えた．ルクレティウスは，生きた人間をつくりあげることができる原子の相互作用についても述べている．また，魂も原子が集まったものであるが，身体よりもずっと希薄なものであると述べている．この考え方は，現代に通じるものがあるが，当時はまだ受け入れられなかった．

Democritus（デモクリトス）：紀元前 470 年－380 年．原子理論の考えで憶えられている古代ギリシャの哲学者．

Lucretius（ルクレティウス）：紀元前 94 年－55 年．"On the Nature of Things（自然のなりたち）" を書いたローマの詩人．

〔訳者注：以下の小文字の部分は形而上学的哲学の話であるから飛ばして読んでもよい．物質という単語も，substance（これは何であるか，から生まれた概念），matter（これは何からできているか，から生まれた概念），material（通常の材料物質についての概念）と，中身の違う三つの形而上学的概念があり，唯物的概念である現代の物質とは意味がまったく違う〕

　エンペドクレス（Empedocles）と，その後に生まれたアリストテレス（Aristotle）は，ルクレティウスとはまったく違った考え方をしていた．彼らは地上の substance は matter と essence から構成されていると信じた．また，substance は **基本物質**（prime matter）から成り立っていると考えた．基本物質の性質が material である．この基本物質に土，空気，火，水，の4元素（element）の組合せが付け加わる．これら4元素は物質ではなく，それぞれ固性，気性，エネルギー，液性という性質である[†1]．この4元素の混合によって，いろいろの物質がつくりだされると考えた．

　アリストテレスは偉大な哲学者であり，生物の分類についての彼の考えは誠に深遠であったが，化学に関していえば彼の考えはあまり役に立たなかった．しかし，彼の影響力は強大であったので，17世紀までは自然科学のほとんど全分野にわたる彼の考えは一般に正しいものと認められていた．このため，デモクリトスの原子の概念がよみがえるのに2000年もかかった．

　ボイル（Robert Boyle）は，1661年に出版した有名な著書"懐疑の化学者（Sceptical Chymist）"のなかで物質の構成について述べている．1800年代になると，ドルトン（John Dalton）の実験から，物質は原子という究極粒子から成り立っていることが示唆された[†2]．いくつかの原子が一定の割合で結合して分子をつくるというのである．しかし，まだ原子の実体についてはまったく不明であった．

　世紀が変わって20世紀になると，原子は正の電荷をもつ粒子と負の電荷をもつ粒子から成り立っていることがわかってきた．物理学者のトムソン（Joseph J. Thomson）は，正の電荷をもった比較的質量の大きい無定形の物質のなかに，質量が小さくて負の電荷をもつ電子が埋まっているという原子モデル（**ブドウパンモデル**）を提案した．

2.2.1　ラザフォードの実験

　1906年に行われたラザフォード（Ernest R. Rutherford）の実験と，続いて1909年ガイガー（H. Geiger）とマースデン（E. Marsden）が行った実験に基づいて，原子の構造についての感覚的にもわかりやすい最初の結論がでた．彼らの実験は，金箔に向けてα粒子（ヘリウムの原子核）を照射するものである（図2.1）．α粒子の平行ビームは図2.1のように鉛のブロックのなかにおさめられたラジウムからでてくる．

　トムソンの原子模型によれば，ほとんどのα粒子は金箔をそのまま通り抜け，ごくわずかの粒子だけが少しだけ進路を曲げるくらいだと予想される（図2.2）．というのは，トムソンの原子模型は，原子内では物質は均一に分布していると仮定しているからである．

[†1] 訳者注：固性，液性，気性とは，それぞれ"物を固体，液体，気体にする力を備えたもの"という意味．

Aristotle（アリストテレス）：紀元前384年−322年．彼の科学の考えは中世の学問を体系化し，論破するのに何世紀もかかった．

Robert Boyle（ロバート・ボイル）：1627−1691．ボイルの法則で知られている，最も初期の現代化学者の一人．

John Dalton（ジョン・ドルトン）：1766−1844．現代の原子論を創始した，色覚異常を研究した．

原子：正電荷の原子核と，そのまわりにある負電荷の電子からなる元素を特徴づけている最も小さい粒子．

[†2] 訳者注：ドルトンの原子仮説の長所の一つは，1772年にラボアジェが発見した質量不変の法則を取り入れて，原子の相対質量を示した点である．

Joseph J. Thomson（ジョセフ・トムソン）：1856−1940．原子構造における電子と「ブドウパン」モデルが知られているイギリスの物理学者．

Ernest R. Rutherford（アーネスト・ラザフォード）：1871−1937．ニュージーランド生まれのイギリスの物理学者で，原子のラザフォードモデルを発展させ，原子を分離して，プロトンを発見した．

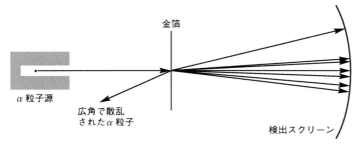

図 2.1　金箔によって散乱される α 粒子の解析のためのラザフォードの実験装置

　実験で得られた結果は，まさに青天の霹靂（へきれき）であった．確かに，α 粒子の大部分はそのまま通り抜けた．しかしいくつかの粒子は非常に大きな角度で，ときには 90° 以上の角度で曲がったのである．トムソンの原子模型が正しければ，そのような大きな角度で曲がることはありえない．ラザフォードの結果は，原子の質量のほとんどがそこに集中した正の電荷をもつ小さな原子核があり，そのまわりを電子が取り巻いていることを示唆するものである（図 2.3）．原子の構成粒子は，互いに静電力で結びついている．原子核は原子に比べて非常に小さいが，事実上，原子核の質量が原子の全質量になっている．ラザフォードの原子模型の原子核に α 粒子が接近すると，強い静電反発力のため散乱角は大きくなる．現在では，原子核の直径は原子の大きさの約 1/100000 であることがわかっている．

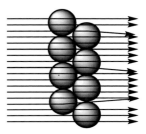

図 2.2　トムソンの原子模型を仮定したときに予想されるラザフォードのα 粒子散乱実験結果

　ラザフォードは，大部分の α 粒子が進路を曲げないで金箔を通過する理由は，原子のなかは大部分が真空であると考えた．そのため飛び込んでくる α 粒子とは，ほとんど静電相互作用をしないのである．しかし，α 粒子がたまに**質量の大きい**原子核と衝突するか，原子核に大接近すると，そのときには静電反発力は非常に大きくなり，α 粒子の進路を大きく曲げることになる．そしてときには α 粒子は進行方向とは逆の方向に跳ね返されることもある．このように原子は，トムソンの原子模型とはまったく違うものであった．

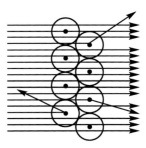

図 2.3　ラザフォードのα 粒子散乱実験結果

2.3　ボーアの原子模型

　ラザフォードの結論をもとにした最も簡単な原子構造モデルが，1913 年デンマークの物理学者ボーア(Niels Bohr)によって提案された**ボーア模型**(Bohr model)である．この原子模型によって，ボーアは水素原子の発光スペクトルと吸収スペクトルを説明することに成功した．

　ボーアは，負の電荷をもつ電子が正の電荷をもつ原子核のまわりを定められた半径の**電子軌道**（orbit）を描いて運動していると仮定した．ボーアの水素原子模型（図 2.4）は，中心に位置する質量 m_n の小さな原子核と，そのまわ

Niels Bohr（ニールス・ボーア）：1885−1962. 原子のボーアモデルを発展させたオランダの物理学者．ボーアモデルでは，電子のエネルギー準位は原子核のまわりを安定な軌道で回っている電子で離散している．

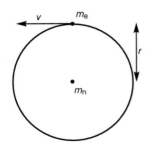

図 2.4 ボーアの水素原子模型

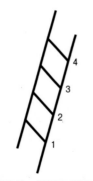

図 2.5 梯子の量子数

量子：実体の最小単位．実体のすべての量はその最小単位の整数倍である．

量子化する：物理量，もしくは数学的な値を一組の固有値に制限すること．

りの**電子軌道**上にいる負の電荷をもつ質量 m_e の小さな電子から成り立っている．ここで，電子の軌道運動の速度を v，原子核から電子軌道までの距離を r とする．

どの瞬間においても，水素原子の電子は矢印で示される方向に速度 v で直進して，原子から離れようとする．しかし，電子は離れることはない．それは，電子が負に，原子核が正に帯電しているため，両者の間に**静電引力**（elctrostatic attractive force）が働くからである．この引力が，原子核から離れようとする電子を引きとめる．その結果，電子は原子核に束縛されて円軌道上を回ることになる．電子は速度 v を一定に保ちながら，v の方向だけを円軌道の接線方向に刻々と変えるのである．

水素原子についてのボーア模型はいくつかの問題点を抱えている．第一の問題は，原子核のまわりを円運動している電子は磁場をつくりだし，電磁相互作用によってエネルギーを失い，電子は旋回しながら原子核に近づいていくはずである．この過程のあいだ，連続的に電磁エネルギーを放出することになる．第二の問題は，r についてはどんな値でも許されることである．ところが実際に観測される水素原子のスペクトル（表2.2，p.27）は非連続線からなり，連続スペクトルではない．

ボーアは，このことを考慮して彼の原子模型にいくつかの**制限条件**（constraint）を設けた．これらの制限条件はボーア模型で最も重要な点である．彼は電子軌道に対しては，r はとびとびの値しか許されないと仮定した．このような軌道をボーア軌道とよぶ．とびとびの軌道しか許されないので，ボーア軌道の半径は**量子化されている**（quantized）という．それぞれのボーア軌道は，特定のエネルギーをもち，その値は計算できる．軌道は量子化されているので，それぞれの軌道のエネルギーもまた量子化される．

量子化は，原子のエネルギー準位と同様に日常生活にも存在する．梯子に立っている場合（図2.5）を考えてみよう．人は梯子の段の上に立つことができるが段の間に立つことはできない．一番下の段から順番に 1，2，3 と番号をつける．この番号は，人がどの段の上に立っているかを記述する**量子数**（quantum number）である．梯子の量子数が3のときは，人は三番目の段の上に立っていることを意味する．

通常，ボーアの水素原子の電子は，許される r の値が最も小さいボーア軌道上を走っている．水素の化学結合を議論する場合は，この軌道のみを考える．しかし，電子がほかのより大きな r の軌道にいるときがある．そのような状態は，スペクトルを議論するときにとくに重要である．

ボーア軌道は，量子数によって番号づけされる．原子核に最も近い軌道を量子数1，次の軌道を量子数2とつけていく．ボーア軌道の量子数を n とするとき，軌道半径 r が式（2.1）のように与えられることである．

$$r = \text{定数} \times n^2 = k \times n^2 \tag{2.1}$$

ボーアの第 1 軌道は $n = 1$, その軌道半径は定数 $k \times 1^2$ である. ボーアの第 2 軌道は $n = 2$, その軌道半径は定数 $k \times 2^2$ である. したがって, 定数 k の値がわかれば量子数 n の軌道半径を算出できる. 本書では詳しい解説は省略するが, 定数 k の値は式 (2.2) で与えられる. ここで, h は**プランク定数** (Planck's constant)（$h = 6.62608 \times 10^{-34}$ J s）, m_e は**電子の静止質量** (electron mass when stationary)（$m_e = 9.10939 \times 10^{-31}$ kg）, e は**電子の電荷** (electron charge, $e = -1.60218 \times 10^{-19}$ C) で, ε_0 は**真空誘電率** (permittivity of vacuum, 8.85419×10^{-12} J^{-1} C^2 m^{-1}）, $\pi = 3.14159$ である.

$$k = \frac{\varepsilon_0 h^2}{\pi m_e e^2} = 52.918 \text{ pm} \tag{2.2}$$

定数 k は長さ 52.918 pm となる. この長さは理論化学でよく用いられる. また原子の世界の対象物を議論するときは役に立つ. したがって, この長さを**長さの原子単位** (atomic unit of length) として用いる. これは, 都市間の距離を表すのにキロメートルとかマイルを用いるのと同じである. k の値は a_0 で表され, ボーアの名前をとって, **ボーア** (Bohr) とよぶ（ボーア半径ともいう）. 式(2.1)で計算したいくつかのボーア軌道の r の値を表2.1に示す. ボーア軌道の半径は二乗則（n^2）に従って大きくなるから, その値は a_0, $4a_0$, $9a_0$, $16a_0$ などと増加する（図2.6）.

最低のボーア軌道上の水素原子の電子のエネルギーを知るのは役に立つ. 電子の全エネルギー E は**運動エネルギー** (kinetic energy; KE) と**ポテンシャルエネルギー** (potential energy; PE) の和で表される.

水素原子の原子核の電荷を $+e$, 電子の電荷を $-e$ とすれば, E を計算するためには距離 r だけわかればよいことを比較的容易に示すことができる. 答は式 (2.3)（水素原子では核の電荷 Z は 1）となる. 数学的には E は r の**関数** (function), すなわち $E = f(r)$ である.

$$E = -\frac{e^2 Z}{8\pi\varepsilon_0 r} \tag{2.3}^{\dagger 3}$$

ε：ギリシャ文字, イプシロン.
π：ギリシャ文字, パイ.

長さの 1 原子単位
　　= 52.918 pm = $1a_0$
1 pm = 10^{-12} m
$1a_0$ = 1 *Bohr*（ボーア）
1 Å = 0.1 nm
（Å：オングストローム）

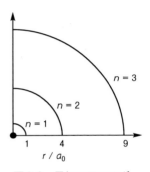

図2.6 最初の三つのボーア軌道の相対的大きさ

$E = KE + PE$

†3 訳者注：
1. 静電引力と遠心力が釣り合う；静電引力＝遠心力
2. $E = \frac{1}{2} mv^2 - \frac{e^2}{4\pi\varepsilon_0 r}$
　　$= -\frac{1}{2} \cdot \frac{e^2}{4\pi\varepsilon_0 r}$
から, 式 (2.3) を得る.

表 2.1　最初の四つのボーア軌道の半径
（1 eV = 96.487 kJ mol^{-1}）

n	n^2	r/pm	E_n/eV
1	1	52.9	−13.6
2	4	211.7	−3.40
3	9	476.3	−1.51
4	16	846.7	−0.85

　　ボーア軌道の半径は量子化されているから，原子の<u>エネルギー</u>としては<u>特定</u><u>のエネルギー値</u>だけが許されることになる．すなわち，原子のエネルギーもまた量子化されている．すでにみた式（2.3）はエネルギー E と軌道半径 r についての関係式である．式（2.3）に式（2.1）で与えられる r の値と，式（2.2）の定数を代入すると一電子原子（水素原子では $Z = 1$）においては式（2.4）となる．この式で n 以外はすべて定数だということがわかるまでは，難しい式のようにみえる．そこで，定数を全部まとめて k' としよう．式（2.4）でエネルギーは E_n と書き，エネルギー E は量子数 n <u>のみ</u>の関数（すなわち，量子数 n のみによって決定される）である．

$$E_n = -\frac{m_e e^4 Z^2}{8\varepsilon_0^2 n^2 h^2} = -\frac{k' Z^2}{n^2} \tag{2.4}$$

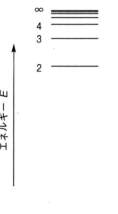

図 2.7　水素原子のエネルギー準位図．
∞は<u>無限大</u>を示す記号．

　　原子核に近い軌道のエネルギー E は負になっている．これは $n = \infty$ の軌道のエネルギー E を 0，すなわちエネルギーの基準点と定義するからである．したがって n が大きくなると，E_n の値は 0 に近づいていく．しかし，0 への近づき方は n^2 に逆比例して小さくなる．これはボーア軌道の半径が n^2 に比例して大きくなるのと正反対である．ボーア軌道について計算されたそれぞれのエネルギーを**エネルギー準位**（energy level）とよぶ．それぞれのボーア軌道についてのエネルギー準位を，**エネルギー準位図**（energy level diagram）としてプロットする（図 2.7）．

　　それぞれのエネルギー準位に 1，2，3，…という数字をつける．この数字は，すでに述べた<u>量子数</u>と同じである．この量子数を**主量子数**（principal quantum number）とよぶ．実際，（あとでわかるように）これらの量子数は<u>エネルギー</u><u>準位についての名前</u>でもある．梯子の段と違って，エネルギー準位の幅は等間隔ではない．図 2.7 に<u>水素原子のエネルギー準位図</u>を示す．それぞれのエネルギー準位は，ボーア軌道に電子が入ったときの電子のエネルギーである．原子では，無限個のエネルギー準位がある．これらのエネルギーは，$n = \infty$ の記号で表される $E_\infty = 0$ の極限値に収束する．高いエネルギー準位の大部分は，エネルギーが 0 の付近に集中している．

2.3.1　水素原子のスペクトル

　　原子構造モデルは，どんなものも化学結合を適切に表現できるものがよい．また，そのモデルは原子の分光学的性質も説明できるものでなくてはならない．この点では，水素原子のボーア模型はかなりのところまで成功したモデルである．

　　標準光源から放射される光はほぼ連続光である．すなわち，光源からプリズムをとおってスクリーンに投影される光は（すべての波長の光を含む）**連続スペクトル**（continuous spectrum）を与える．しかし，光源から放射された光

がプリズムで回折される前に原子気体のなかをとおると，原子が光を吸収しスクリーンに投影された光は連続スペクトルにはならない．原子の**吸収スペクトル**（absorption spectrum）は特定の色の光が抜けるために，そのところが幅の狭い黒線となったスペクトル系列を示すのである．黒線の模様は各元素に特有のものであり，このようなスペクトル解析の方法を**原子吸収スペクトル法**（atomic absorption spectroscopy）という．水素原子の吸収スペクトルは，<u>基底状態</u>（ground state）のエネルギー準位から高いエネルギー準位へ電子が移ることによって生じるものである．原子の基底状態の準位から高いエネルギー準位へ電子が上がるとき，二つのエネルギー準位の差に相当するエネルギーをもつ光を吸収する．吸収する**光子**（photon）のエネルギーは，光の振動数 ν とエネルギー差 ΔE についての次の有名な関係式〔式（2.5）〕で与えられる．

$$\Delta E = h\nu \tag{2.5}$$

また，原子を放電などで十分高い温度に加熱すると，今度は逆に<u>光を放出する</u>．その色は，各原子に特有である．すなわち，水素は赤色，ナトリウムはオレンジ色などである．ここで放出される光も，<u>連続光ではない</u>．つまり，すべての波長の光が放出されるのではないことを意味する．原子のスペクトルとして，暗い背景に輝く**放射光の系列**（emission lines）が映る．このようなスペクトルの観測は，**原子発光スペクトル法**（atomic emission spectroscopy）により行われる．原子発光スペクトル法では，エネルギー源となるものが基底状態の電子を励起して高いエネルギー準位に上げる．そうすると励起された電子は基底状態に戻っていく．電子が原子内の高いエネルギー準位から低いエネルギー準位に移るとき，原子は光子という光量子を放出する．このとき放出される光子のエネルギーは，高いエネルギー準位と低いエネルギー準位とのエネルギー差に等しくなっている．原子スペクトル線の位置は，通常，**波数**（wavenumber）$\tilde{\nu}$ で表される．これは光の波長の逆数である〔式（2.6）〕．電子がいろいろのエネルギー準位間を移るとき，それに伴って電子の量子数が変わることはいうまでもない．光の振動数 ν は $\lambda\nu = c$（c は光の速度 $= 2.9979 \times 10^8$ m s^{-1}）という式によって，波長 λ（図 2.8）と関係づけられる．これを式（2.5）に代入し，式（2.6）を用いると式（2.7）となる．

$$\tilde{\nu} = \frac{1}{\lambda} \tag{2.6}$$

$$\Delta E = h\tilde{\nu}c \tag{2.7}$$

この式は，なぜ波数を用いると便利であるかを示す式である．c と h は定数であるから，波数はエネルギーに比例する．つまり，波数が 2 倍になればエ

基底状態：エネルギー準位の最低のギブズエネルギー（Gibbs energy）状態．

光子：電荷がなく，質量もなく，スピン量子数が 1 で，電磁力をもたらす粒子．

v（速度）と ν（ギリシャ文字のニュー，振動数）を混同しないように．

波数：波長の逆数で $\tilde{\nu}$ と示される．波の伝播の方向に沿って，単位長当たりの波の数．SI 単位は m^{-1} であるが，cm^{-1} という単位が一般的である．

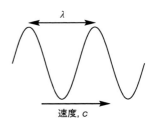

図 2.8　光の波長 λ の定義

ネルギーも 2 倍になる.

　水素原子では, 吸収スペクトルは線スペクトル系列になっている. これらは, 光によって水素の 1s 電子（$n = 1$, 1s という名前については 2.4.2 項を参照）が高いエネルギー準位（$n = 2, 3, 4, \cdots$）に上げられるために現れる. 最初の吸収線の位置は, $n = 1$ と $n = 2$ の準位のエネルギー差を与える. これは, 基底状態にある電子が, エネルギーを吸収してなしうる最小エネルギーのジャンプである. したがって, この**電子遷移**（transition）はスペクトル系列で最長波長（最低振動数）の吸収線である. 次の振動数の吸収線は, 1→3 遷移に対応する. 量子数 n が増加すると次のエネルギー準位との差がだんだん小さくなるので（図 2.7）, 1→x 遷移と 1→$(x+1)$ 遷移とのエネルギー差は, x の増加とともにだんだん小さくなる. x が∞になると, 吸収線は, 遷移 1→∞ で示される**極限値**（limit）に収束する. この値は, 水素原子から完全に電子を取り去るのに必要な最小エネルギーになるので, 注目すべき遷移である. このエネルギー量は, 水素原子の**イオン化エネルギー**（ionization energy）に相当する. したがって, 水素原子のイオン化エネルギーを決定する一つの方法は, 水素原子の吸収スペクトルから計算することである.

　水素原子の発光スペクトルは複雑で, いくつかのスペクトル系列からなっている. 放電などによって電子が外部エネルギー源からエネルギーを吸収すると, 水素原子の高いエネルギー準位に上がる. **励起**（excitation）とは, このように電子がエネルギーの高い状態になることである. こうした電子は, 高いエネルギー準位に短時間いたあと, エネルギーを失って低いエネルギー準位へ落ちていく. 落ちる先は, 基底状態の準位でなくてもよい. 電子はいろいろな準位に落ちながら, 最終的に基底状態に到達する. 電子が低いエネルギー準位に飛び降りるとき, 過剰のエネルギーを光量子として放出し, **発光**（emission）する. 水素原子以外の原子も同様の振舞いをする. たとえば, ブンゼンの炎のなかに置かれたナトリウム原子は, 炎の熱エネルギーによって高い準位に励起され, 光を放出して低い準位へ落下する. ナトリウムの場合は, 最も強い発光線はオレンジ色の領域のスペクトルであり, そのため特有の黄橙色のナトリウム炎となる.

　図 2.9 は, 水素原子の電子が高い準位へ上がったあと, 低い準位へ飛び降りる様子を示している. わかりやすくするために, それらをいくつかの系列に組分けした. たとえば, 電子が基底状態へ戻るときには, 高いエネルギー準位から基底状態に移るときに電子が失うエネルギーに等しいエネルギーの光子を放出する.

　左側に示されている遷移の組は, すべてが $n = 1$ への遷移である. これらの遷移を表す一つの方法が, 2→1, 3→1, 4→1 などである. エネルギー準位は, $n = \infty$ に対応する極限値に収束するから, それぞれの発光スペクトル

イオン化エネルギー：電子を 1 個最高被占準位[†4]から $n = \infty$ の準位に移動させる（すなわち電子を 1 個取り去る）のに要するエネルギー.

[†4] 訳者注：電子が入っている準位のうちで, 最もエネルギーの高い準位を最高被占準位という.

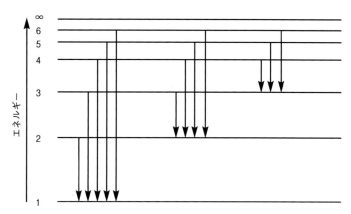

図 2.9　水素原子におけるエネルギー準位間の遷移（尺度はない）

の系列も∞→1遷移の極限値に収束する．基底状態へのこうした遷移系列は，水素原子の吸収スペクトルの遷移系列と波数がまったく同じである．

　第二の組（図の中央）は $n = 2$ への遷移であり，$3 \rightarrow 2$，$4 \rightarrow 2$，$5 \rightarrow 2$ のように表される．もう一つの組（図の右側）は，$n = 3$ への遷移である．このように特定の準位への電子遷移のスペクトル線の組は，それぞれ独自の極限値に収束する発光スペクトル系列を示す．スペクトル系列が違うことは電子遷移系列が違うことに対応し，すべての発光スペクトル線はそれぞれ違う $n' \rightarrow n$ 遷移に対応する．それぞれの発光スペクトル系列には，発見者の名前がつけられている（表2.2）．$n' \rightarrow 7$（$n = 7$）や，n が7よりも大きい系列もあるが，名前はつけられていない．ボーア模型により，このような水素原子のスペクトルを説明できる．すなわち，電子遷移系列は，ボーア軌道間で許される電子遷移に由来する．線スペクトルの位置はボーアの量子数で表された式で予測できる．それぞれのスペクトル系列の線スペクトルの位置は，リュードベリ（Johannes R. Rydberg）の方程式〔式（2.8）〕で与えられる．

$$波数 = R \left(\frac{1}{n^2} - \frac{1}{n'^2} \right) \tag{2.8}$$

　この式で，n は電子が遷移していく先の準位の量子数，n' は電子の出発準位の量子数である．R は**リュードベリ定数**（Rydberg constant）である．必要条件として $n' > n$ がある．n' の値は整数で，その値は無限大までとれる．たとえば，第2系列の線スペクトルは，式（2.9）で与えられる．$5 \rightarrow 2$ 遷移の値を計算してみると，式（2.9）のなかに $n' = 5$ を代入して式（2.10）となる．

$$波数 = 109\,737 \left(\frac{1}{2^2} - \frac{1}{n'^2} \right) \mathrm{cm}^{-1} \tag{2.9}$$

表 2.2　水素原子の発光スペクトル系列の名称

発見者	遷移
ライマン (Lyman)	$n' \rightarrow 1$
バルマー (Balmer)	$n' \rightarrow 2$
パッシェン (Paschen)	$n' \rightarrow 3$
ブラケット (Brackett)	$n' \rightarrow 4$
プント (Pfund)	$n' \rightarrow 5$
ハンフリー (Humphrey)	$n' \rightarrow 6$

リュードベリ定数：重元素では R_∞，水素原子では R_H と表される基本的な物理定数．R_∞ の値は $1.09737 \times 10^7\,\mathrm{m}^{-1}$ だが，しばしば $109\,737\,\mathrm{cm}^{-1}$ と表現される．

$$\text{波数} = 109\,737\left(\frac{1}{2^2} - \frac{1}{5^2}\right) = 23\,045 \text{ cm}^{-1} \tag{2.10}$$

$n = 1$ で $n' = \infty$ のとき，計算した波数は $R = 109\,737$ cm^{-1} で 1312 kJ mol^{-1} である．これは，電子が $n = 1$ から $n' = \infty$ に移るときの水素のイオン化エネルギーに相当する．

　リュードベリ定数 R は式（2.4）の定数 k' と関係しており，R の理論値と実験値が一致したことは，水素原子についてのボーアの原子模型の輝かしい勝利であるといえる．電子が原子核のまわりを円運動しているモデルは単純であり，そのためボーアの考え方は広く受け入れられた．しかし，まもなく水素原子のボーア模型は，すべてのことがらを説明できるとは限らないことが明らかになった．たとえば磁場のなかにおかれた原子のスペクトルは，磁場のないときのスペクトルとは異なる．これが**ゼーマン効果**（Zeeman effect）である．簡単なボーア模型では，この効果を説明できない．ボーア模型はゾンマーフェルト（Arnold Sommerfeld）によって修正された．ゾンマーフェルトは，ゼーマン効果を説明するために，円軌道のほかに楕円軌道を考えたのである．この模型には，第二の量子数が必要となる．

　ただし，このボーア・ゾンマーフェルトの原子模型も，水素原子はよく説明できたが，多電子原子には適用できなかった．すなわち，多電子原子のスペクトルをうまく説明できなかったのである．また，元素の周期表（前見返し）で示される元素の周期性も説明できなかった．しかし，ボーアの原子模型は**波動力学**（wave mechanics）に基づく，完全な原子模型への道を開いたものとして意義深い．

2.3.2　粒子なのか波なのか

　電子やほかの素粒子は，極微の硬い物体（玉突きの玉のように硬い）と考えない方がよい．電子は不思議な実体をもち，通常の**粒子**（particle）としての性質と**波**（wave）としての性質の両方をもっている．たとえば，結晶によるX線の回折や，等間隔に引かれた線による光の回折のように，電子線は結晶によって回折する．これは一般に粒子としての性質ではなく，波としての性質に基づくものである．電子の重さを量ることもできる．これは通常，粒子としての性質である．同様に，単純な波動性をもったものと思われていた光が有効運動量をもち，粒子の性質ももち合わせていることがわかった[5]．それは，**光子**（photon）とよばれる量子化された**波束**（wave packet）に由来するものである．数学的には，電子や光を粒子と考えるべきなのか，または波と考えるべきなのかは，取りあげている問題によって決まる．ときには，粒子の表現の方が波の表現よりも役にたち，かつ適切なことがある．しかし，数学的表現がどうであ

Peter Zeeman（ピーター・ゼーマン）：1865−1943．オランダの物理学者で，静磁場中においてスペクトル線が数個の線に分割することを研究した．

Arnold Sommerfeld（アーノルト・ゾンマーフェルト）：1868−1951．ドイツの物理学者で，二次（方位）と四次（スピン）量子数を導入した．

†5 訳者注：光電効果とか，光の直進性．

れ，その結果は，電子や光子の**本質**（nature）に関することではなく，電子や光子の**性質**（property）の描写に関することである．

ド・ブロイ（de Broglie）は，**粒子と波の二重性**を式で表した．ド・ブロイの前提は，すべての物質が粒子と波の両方の性質をもっていることであった．彼は，この二重性を歴史に残る有名な式で表した〔式（2.11）〕．この式で，波長は質量 m と速度 v の関数（または，運動量 $= mv$ であるから運動量の関数）として表されている．

$$\lambda = \frac{h}{mv} \tag{2.11}$$

この式は，粒子と波の現象はすべての物質がもっている**二つの異なる属性**であることを示唆している．これは頭を混乱させる発想である．日々の経験で扱うものは，粒子か波のどちらかであって両方の性質を同時に表すものはない．たとえば，ボールは粒子であり，音は波である．実際には，いわゆる粒子と波の二重性は，光とか原子のような非常に小さい実体に対してだけ意義をもつ．そのような小さな粒子のもつ見かけ上の矛盾した性質を，物質や光についての日常経験に結びつけて理解することはむずかしい．問題は波長の大きさである．われわれがみることのできるものは，どれでも波長があまりにも短すぎて，波として観測することができないのである．粒子の有効波長は，粒子が非常に小さいときだけ重要になる．

時速 162 km（秒速 45 m）で飛んでいる質量約 150 g のクリケットボールや野球のボールを考えてみよう．式（2.11）に，これらの数値を代入すると，波としての波長は $6.63 \times 10^{-34}/(0.15 \times 45) \cong 10^{-34}$ m となり，大変短い．比較のためにいうと，原子の直径は約 10^{-10} m である．一方，電子の静止質量は約 10^{-30} kg であるから，時速 160 km で走っている電子は，ド・ブロイ波長が約 1.5×10^{-5} m になり，観測可能な長さである．

2.4　軌道からオービタルへ

ボーアの原子模型では，電子は原子核のまわりを軌道運動している．ところが波動力学では，原子核を**太陽**に見立てると，そのまわりを運動する**惑星**としての電子の概念はあまり役立たない．原子内の電子の運動についての二つの重要な情報は，電子の位置と運動量である．しかしながら，電子の位置と運動量を同時に正確に決定することは不可能である．これを**ハイゼンベルグの不確定性原理**（Heisenberg uncertainty principle）とよぶ．この原理を説明すると次のようになる．電子の位置を決めるためには，電子がどこにいるかを観測しなければならない．そのためには，電子は非常に小さいので，超高解像度のスーパー顕微鏡のようなものが必要である．目的物をみるためには，目的物よりも短い波長の光を照射しなければならない．原子の大きさは，可視光の波長より

Louis de Broglie（ルイ・ド・ブロイ）：1892－1987．フランスの物理学者で，電子が波と粒子の性質，波-粒子の二重性の様相をもつことを仮定した．

運動量 = 質量 × 速度
速度（ベクトル）を定義するためには，速さと方向の両方が必要である．

Werner Heisenberg（ヴェルナー・ハイゼンベルグ）：1901－1976．ドイツの物理学者で，とくに，本人の名前に関連した不確定性原理で知られている．

もはるかに小さいから,（電子が原子のなかにいるときは）非常に短い波長の光を使わなければならない†6. そのような波長の光は, 非常にエネルギーの大きい電磁波であり（$E = hc/\lambda$ であるから）, もちろん目でみることはできない†7. 光は電磁波であり, 光子の集まりである. 光子は有効運動量をもち, 粒子のような性質ももっている. したがって電子をみるために光を照射すると, 光子が電子を叩き光子の運動量を電子に与える. これによって, もともとその電子がもっていた運動量を変えてしまうので, この運動量変化を測定するために, もう一度, 光を当てて電子をみなければならない.

目標物（この場合は電子）をみようとすると, 目標物の性質（運動量と位置）を変えてしまうのである. そのため当然のことながら, 観測している目標物の運動量は, 観測前の目標物の運動量とは違ってしまうのである.

位置をさらに詳しく測定したければ, 照射する光はさらに短い波長のものを使わなければならない. しかし, 非常に高いエネルギーの光を使うことになるので, その結果, 光の照射によって電子の運動量を大きく変えてしまう. 電子の位置をより精度よく測定するために犠牲を払っていながら, 他方で電子の運動量を大きく変えてしまうのである. これに関連した現象とその詳しい解析から, 電子の位置が正確にわかれば運動量が不正確になり, 運動量が正確にわかれば電子の位置が不正確になるということがわかった. すなわち, また, 運動量と位置を決定する精度について一定の限界がある. このことは, 運動量と位置を決定するときの不確定性とプランク定数（Planck's constant）h とを関係づける式 (2.12) で表現される.

$$位置の不確定性 \times 運動量の不確定性 \geq \frac{h}{4\pi} \tag{2.12}$$

粒子の速度と位置を同時に精度よく決定できないという事実を知って絶望的になることはない. 実は, われわれは電子の性質（運動量と位置）を解析するために, 別の数学的方法を使うのである. たとえば, 原子の場合には "ある時刻に, ある位置で電子を見いだす確率（probability）はいくらである" という考え方をする. つまり電子の位置は正確には決められないけれども, ある位置で電子を見いだす確率を計算することができる. ある点（位置）で電子を見いだす確率が高ければ, その位置では電子密度（electron density）が高いという. ある位置で電子を見いだす確率をその位置における電子密度と定義する.

原子内の電子密度すなわち確率密度（probability density）は, 空間の各位置に定められた電子密度でもって存在する電子の様子を表している. 空間と, 電子密度との関係を記述する関数がオービタル（orbital）†8 である. オービタルという言葉は, ボーアの原子模型から借りたことは明白である†9.

基底状態の水素原子についての電子の様子を視覚化する方法の一つを述べておこう. 非常に薄い写真フィルムを1枚原子の中心に置こう. そうすると水

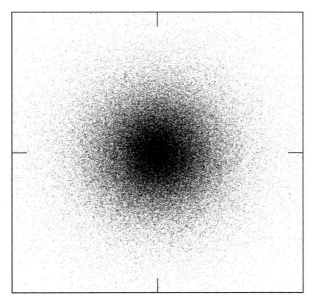

図 2.10 基底状態の水素原子についての電子密度プロット
モンテカルロ法による計算結果. 原子核は中心にある.

素の原子核はフィルム面上に存在することになる. この仮想的な写真フィルム
は，電子がフィルムをとおるたびにドット（dot，点）をつける性質をもって
いる（感光）ものとしよう. また，電子は行路を障害なしにとおることができ
るものとする. 次の段階は，時間をかけてフィルム上に多数のドットを記録す
ることである. この実験の結果は図 2.10 のようになるであろう. この図は電
子密度の断面を表し，ドットの雲は電子密度の表現となっている. どの領域で
もドットの密度は，その領域における確率密度，すなわち電子密度の画像表示
になっている. 結果を一見すると驚くだろうが，電子は原子核から一定距離は
なれたところを運動しているのではないことが明白である. 実際，ドットの密
度は原子核の方に向かって増加している. そして，原子核のところで最大になっ
ている.

　このような**ドット密度**の表現は画像表示として有用であるが，この便利な図
はソフトウェアでしか正確に描けない. 紙の上で容易に手書きできる別の表現
も可能である. 電子密度を表す数式が与えられれば，電子密度が等しい面（表
面）を計算することができる. そして，たとえばその表面から内側の空間で電
子を見いだす確率が40％になるような表面を計算することもできる（図2.11）.
また，電子を見いだす確率が80％になるような別の表面を計算することもで
きる. この等電子密度表面の形が，**等高線表示**（contour representation）の
基礎になる. 等高線（図2.11）とは，電子の存在する確率が一定になるよう
な境界線である. 体積が大きくなれば，電子を見いだす確率は大きくなる. こ

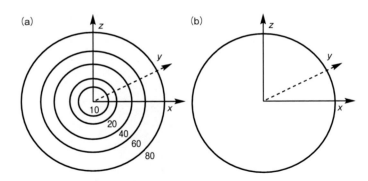

図 2.11　（a）基底状態の水素原子についての電子密度図の等高線表示
（数値は%），（b）基底状態の水素原子についての電子密度の
境界線表示

の表示法はオービタルを表すのに非常によい方法である．もし正確な等高線を
多数書きたければ，適切なソフトウェアが必要である．

　しばしば等高線を 1 本だけ書き，その等高線を電子密度を示すのではなく，
単にオービタルの**形**（shape）を示すものとして用いることがある．このタイ
プの図（図 2.11）を，**境界線表示**（boundary representation）という．境界
線表示は，すばやく描けるのでオービタルを表す最も便利な方法である．しか
し当然のことながら，これによってオービタルの構造を詳しく知るのではなく，
オービタルの形についての一般的な印象を知るだけである．しばしばパーセン
ト等高線も使われるが，数値はとくに載せないことが多い．これもまた注目し
ているオービタルの形だけを与える．必要であれば，全電子密度の 90% また
は 95% が含まれるような表面として，1 本の等高線または境界線を定義する
ことができる．この非常に簡単な表現は，化学の世界では共通に用いられている．

2.4.1　エネルギーの量子化とオービタル

　電子軌道は量子化されるということが，ボーア・ゾンマーフェルトの原子模
型の必要条件であった．しかしこの量子化は，明らかに実験データに合わせる
ために勝手に導入されたものである．ボーア・ゾンマーフェルトの原子模型で
は，なぜエネルギー準位の量子化が起こるのかを説明できない．波としての電
子の性質が，その解決の糸口を与えてくれる．シュレーディンガー（Erwin
Schrödinger）は電子の波動性に目を向け，原子内の電子の波動性を記述する
方程式を導いた．彼はいろいろのエネルギー準位（またはオービタル）にある
電子の姿を記述するため，波の方程式を用いていわゆる**波動力学**（wave
mechanics）という方法を編みだしたのである．

　われわれの身近にあるもので，その振舞いが波の方程式で記述されるものと
して，次のものがある．弦楽器の 1 本の弦は基本振動数と，倍音の振動数に

Erwin Schrödinger（エルヴィ
ン・シュレーディンガー）：
1887−1961．量子理論の波
動方程式を発展させたオース
トリアの物理学者．

対応する特定の波長の音だけをだす．すなわち，両端を固定した弦の振動数は<u>量子化されている</u>．これは，<u>弦の両端が定められた位置に固定されているため</u>に起こるごく自然な結果である．弦の両端を固定することは，音の響きを記述するために用いる波の方程式に対して**境界条件**（boundary condition）をつけることになる．弦の運動を規制するこの境界条件が，弦でつくりだされる量子化された音の波長を決める．水素原子の電子の振舞いを記述するために用いる波動方程式にも，同様にまったく自然な境界条件を設ける．

　多くの場合，シュレーディンガーの波動方程式を解析的に解くことは不可能であるが，水素原子のような一電子原子では，それが可能である．水素原子の方程式の解は1個以上ある．当然のことながら，波動力学の微分方程式の解は量子化されている．これは境界条件をつけるからである．ここでいう境界条件とは，方程式の解は，<u>有限で，単一で，連続</u>でなければならないという制限である．オービタルのどこかに電子を見いだすという確率は100％であるから，波動関数の値はどの場所でも無限大になることはない．つまり，波動関数の値はすべて<u>有限</u>でなければならない．また，与えられた場所で電子を見いだす確率の値は一通りしかない．したがって，すべての場所で解は<u>一つ</u>でなくてはならない．そしてまた，ある点から次の点へ移るとき波動関数の値が突然ジャンプすることはない．すなわち，波動関数は<u>連続</u>でなければならない．

　それぞれの波動関数に対応して，エネルギー準位が一つずつある．水素原子のエネルギー準位は，対応するそれぞれの波動関数により正確に予測できる．波動方程式（シュレーディンガー方程式）の解から，量子数で指定される<u>波動関数のファミリー</u>がつくられる．水素原子のシュレーディンガー方程式の場合には，波動関数は<u>三つの量子数</u>で指定される．これらの量子数は n, l, m_l で表される（表2.3）．

　量子数についての規則（表2.3）を用いてエネルギー準位の表をつくってみよう．まず，主量子数 $n=1$ の場合は，エネルギー準位は一つだけである[†10]．$n=2$ の場合は四つ，$n=3$ の場合は九つあることがわかる[†11]．それぞれの n に対応するオービタル・セットを**電子殻**（electron shell）とよぶ．したがって，第一電子殻には一つ，第二電子殻には四つ，第三電子殻には九つのオービ

[†10] 訳者注：$n=1$ のときは，$l=0$　$m_l=0$ だけであるから．

[†11] 訳者注：表2.4を参照．

表2.3　三つの量子数

記号	説　明
n	主量子数，オービタルのサイズを決める量子数で，1から∞までの整数値をとる．
l	方位量子数または角運動量量子数，オービタルの形を決める量子数で，許される値は0から $n-1$ までの整数値．
m_l	磁気量子数，オービタルの空間配向を決める量子数で，許される値は $-l$ から $+l$ までの整数値（0も含む）．よって，与えられた l に対して，とりうる値は $(2l+1)$ 通り．

表 2.4 量子数とオービタル名との関係

n	1	2	2	2	2	3	3	3	3	3	3	3	3	3
l	0	0	1	1	1	0	1	1	1	2	2	2	2	2
m_l	0	0	−1	0	1	0	−1	0	1	−2	−1	0	1	2
名称	1s	2s	2p	2p	2p	3s	3p	3p	3p	3d	3d	3d	3d	3d

†12 訳者注：水素原子の場合，シュレーディンガー方程式，$H\psi_{nlm} = E\psi_{nlm}$ より，オービタル ψ_{nlm} とエネルギー準位は 1 対 1 対応をもつ．

タルがあることがわかる†12．電子殻内で，方位量子数 l が同じ値をもつオービタル・セットを**副電子殻**（electron subshell）とよぶ．したがって，$l = 0$ の場合，各電子殻にあるこの副電子殻には，オービタルが一つしかない．$l = 1$ の場合は，オービタルが三つ，$l = 2$ の場合には，五つあることが表 2.4 からわかる．

ボーアの原子模型を用いても，水素原子のそれぞれの**波動関数**（wave function）に対応するエネルギー準位を計算することができる．水素原子の場合には，それぞれの電子殻に属するオービタルは**縮重**（degeneracy）している．すなわち，オービタルのエネルギーは完全に同じである．たとえば，$n = 3$ の場合は九つのオービタルが縮重している．これは水素原子のような一電子原子でのみ成り立ち，多電子原子では成り立たない．

2.4.2　オービタルに名前をつける

表 2.5 に示されているように，オービタルには量子数に応じて名前がつけられている．名前の前の部分は主量子数（n）の数値を，名前の後の部分はオービタルの形を決める量子数（l）に関連したアルファベットを使う（表 2.5）．s，p，d，f の名前の由来は歴史的なものであり，原子スペクトル線の性質に関連している．3 より大きい l のオービタルの名前には，g から始まるアルファベットの文字を用いる．言い換えれば，オービタルの名前はそのオービタルの量子数（n と l）を表している．

$n = 3$，$l = 0$ の場合は，波動関数は一つで 3s とよぶ．$n = 3$，$l = 1$ の場合は，三つの波動関数があり，それらを 3p とよぶが，それぞれの 3p は m_l の値が異なっている．$n = 3$，$l = 2$ の場合には，五つの波動関数があり，3d とよび（表 2.4），それぞれの 3d は異なる m_l 値をもつ．

表 2.5 l とオービタルの名前との関係

l	名称	語源
0	s	Sharp
1	p	Principal
2	d	Diffuse
3	f	Fundamental

†13 訳者注：原子のオービタルを AO（atomic orbital）とよび，分子のオービタルを MO（molecular orbital）とよぶ．これらについては第 3 章で詳しく述べる．

ボーア半径（a_0）：長さの原子単位（52.9 pm）．

2.4.3　水素の 1s-AO†13（または単に 1s）

水素原子の波動関数のうちで最もエネルギーの低いものを基底状態の波動関数とよぶ．そして，この波動関数を 1s（$n = 1$，$l = 0$，$m_l = 0$ であるから，第一電子殻であり，オービタルは一つだけ）と名づける．この 1s，ψ_{1s}（プサイ 1s とよぶ）についての波動関数は式（2.13）で表される指数関数で与えられ，変数は原子核からの距離 r だけである．ここで，a_0 はボーア半径（52.9 pm）

である．eの値は近似的に 2.71828 となるが，この値はπと同様に重要である．
電子の電荷にもeの記号を使うので気をつけよう．長さの単位として，pm（ピ
コメートル）やÅ（オングストローム）を使うよりも，ボーア半径a_0を使う
方が方程式は簡単になる．長さの単位としてa_0を使うと，式(2.13)は式(2.14)
となる．

$$\psi_{1s} = \frac{1}{\sqrt{\pi}} \left(\frac{1}{a_0} \right)^{3/2} \mathrm{e}^{-r/a_0} \tag{2.13}$$

$$\psi_{1s} = \frac{1}{\sqrt{\pi}} \, \mathrm{e}^{-r} \tag{2.14}$$

このψ_{1s}は原子核のところ（$r = 0$）で最大値をとることがわかる（図2.12）．
ψ_{1s}の値は原子核からの距離だけに関係し，方向には無関係である．すなわち，
ψ_{1s}は球対称である．またψ_{1s}はすべてのrの値に対して正の値をとり，rを無
限大まで伸ばしても0になる点はない．

　さて，すでに議論した電子密度と波動関数との関係について考えてみよう．
波動関数そのものの値に物理的意味をつけるのは，ほとんど意味がない．とい
うのは，波動関数を直接観測することが不可能だからである．しかし，ψ^2の
値は電子密度に対応するので観測可能である．ψ^2の値はある位置での電子を
見いだす確率，すなわちその位置での電子密度になるからである．1sについて
のψ^2のプロットを図2.12に示す．

$\psi^2 \equiv$ 電子密度

　1sの電子密度は，原子核のところで最大になっている．しかしこれは，原
子核付近で電子が最もよく見いだされるということではない．$r = 0$のところ
は幾何学的な一点でしかないが，たとえば$r = 100\ \mathrm{pm}$に対応する点は多数あ

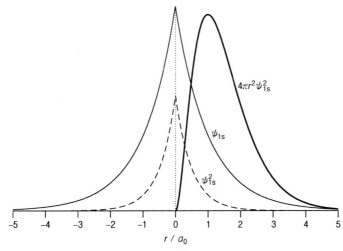

図2.12　水素の1s波動関数ψ_{1s}，ψ_{1s}^2，および動径分布関数$4\pi r^2 \psi_{1s}^2$の
グラフ

る．大ざっぱにいえば r が増加すると点の数は球面の面積，すなわち $4\pi r^2$ に比例して増加する．もっと有用な描像を得るためには，与えられた r のところで（この場合は r 一定の球面上で）電子を見いだす確率がどれくらいになるかを記述する**動径分布関数**（radial distribution function）が必要になる．

　　動径分布関数をみると，電子を見いだす確率はボーア半径のところで最大になることがわかる．電子密度 ψ^2 は原子核のところで最大になるが，原子核付近での体積があまりにも小さいので，電子を見いだすチャンスは少ないのである．動径分布関数をよりよく理解するためには，少し別の考え方をしてみるのがよい．ある密度の気体が入った箱を考える．箱のなかの気体の全重量は体積×密度になる（図 2.13）．

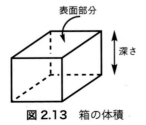

表面部分

深さ

図 2.13　箱の体積

　　体積は表面積×箱の深さ（または箱の厚さ）で与えられる．気体の密度が一定であれば，重量の計算は簡単である．電子密度についても事情は似ているが，水素原子の基底状態の場合には，電子密度は一定ではなく，さらにオービタルの形が球形であるから，計算は少し難しい．数学的には，計算の進め方は電子密度をオービタルが占める全空間にわたって**積分**（integration）することになる．ここでは積分の手順を視覚化してみよう．これはオニオン（タマネギ）を使うとうまくいく．理想的なオニオンは幾重もの丸い皮に分けられるように，われわれは頭のなかで，球状のオービタルを幾重もの丸い皮に分ける．分けられたそれぞれの"オービタルオニオンの丸い皮"については，皮が薄ければ"オービタルオニオンの薄皮"のなかの電子密度を近似的に一定と置くことができる．したがって，"オービタルオニオンの丸い薄皮"の体積がわかれば，その丸い皮のなかの電子密度の合計は式（2.15）を用いて計算することができる．薄いオニオンの皮の体積は，表面積×厚さ，で与えられる．電子密度は ψ^2 で表面積は $4\pi r^2$ であるから，薄い丸い皮が同じ厚さであるとすれば，半径 r のところでの全電子密度は式（2.16）で与えられる．

$$\begin{array}{l}\text{"オービタルオニオンの丸い皮"}\\ \text{のなかの電子密度の合計}\end{array} = \text{表面積} \times \text{丸い皮の厚さ} \times \text{電子密度}$$

(2.15)

$$\text{合計} = 4\pi r^2 \psi^2 \times \text{丸い皮の厚さ}$$

(2.16)

　　この場合の答えはわかっている．電子が 1 個入っている水素の 1s では，すべての"オービタルオニオンの丸い皮"についての電子密度の総和は，ちょうど電子 1 個分となる．$4\pi r^2 \psi^2$ は与えられた r の値のところでの電子密度の総量に比例する量である．この関数のプロットを図 2.12 に示している．積分の手順は上に述べたのと同じであるが，積分の場合は丸い皮の厚さを限りなく薄くする．動径分布関数のプロットから，電子は広い範囲の距離にわたって見いだされるが，最もよく見いだされるのはボーア半径 a_0 のところであることが

わかる．ある時刻に電子がどこにいるかを正確に述べることは不可能であるから，ある距離のところで電子を見いだす<u>確率</u>はいくらかという考え方をするのがよい．

2.4.4 ほかの s-AO（ns）

前述の AO は 1s であり，水素原子の基底状態ではこの AO に電子が 1 個入っている．1s だけでなく，2s，3s，4s など，どの s-AO もすべて球対称である．これらの AO は，基底状態では空であるが，たとえば電子が 2s に**昇位**（promotion）すると電子が入った AO となる．水素原子の電子が 1s 以外の AO にいるときを**励起状態**（excited state）という．電子が 1 個入っている場合の水素の 1s，2s，3s の電子密度のドット図が図 2.14 に示されている．AO の相対的な大きさと相対的な電子密度を比較するため，尺度とドットの数はすべて同じにしている．これらの図には，いくつかの重要な特徴が現れている．

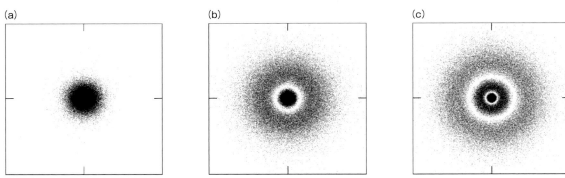

図 2.14 (a) 1s-，(b) 2s-，(c) 3s-AO の電子密度のドット図
それぞれの正方形は 1 辺 20a_0 で，原子核は中心にある．

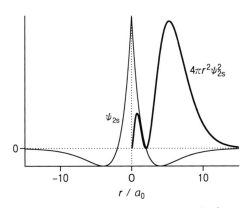

図 2.15 水素 2s-AO の波動関数 ψ_{2s} と $4\pi r^2\psi_{2s}^2$ のプロット

はっきりといえることは，主量子数の増加とともに AO のサイズが大きくなることである．これはボーアの原子模型での軌道半径の増大に対応する．

　次の特徴は，**動径節面**（radial node）についてのことである．2s〔図2.14(b)，2.15〕は電子密度が 0 になる輪（輪の中心は原子核）をもっている．三次元の図では，電子密度が正確に 0 になる球面である．これを**節面**（node）とよぶ．3s は，そのような球面状の節面を 2 個もっている．一般に，主量子数が n の s-AO は動径節面を $(n-1)$ 個もっている．

　これらの AO を表すために用いる数式は，少し複雑に感じるかもしれない．しかし，それらはすでに学んだ 1s の式と同じく，指数関数の形になっているだけである．2s と 3s は，それぞれ式（2.17）と式（2.18）で表される．みやすくするために，長さの単位は式（2.14）と同じく a_0 とした．

$$\psi_{2s} = \frac{1}{4\sqrt{2\pi}}\,(2-r)\,\mathrm{e}^{-r/2} \tag{2.17}$$

$$\psi_{3s} = \frac{1}{81\sqrt{3\pi}}\,(27-18r+2r^2)\,\mathrm{e}^{-r/3} \tag{2.18}$$

　練習のために，波動関数 ψ_{2s} と ψ_{3s} をプロットしてみよう．プロットすればすぐわかるように動径節面は球面となる．この球面のところで波動関数の符号が正から負へ，または負から正へ変わる．たとえば，2s の波動関数（図2.15）の符号は原子核からの特定の距離で正から負に変わる．この距離は元素の性質によって変わる．3s の波動関数（図2.16）は正から負へ，そして負から正へと 2 回符号を変える．すなわち，3s は動径節面を 2 個もっている．電子密度は波動関数の符号には影響されない．電子密度は波動関数を二乗して計算することを思いだそう．負の数を二乗すると正の数になる．したがって，電子密度はいつでも正の値になる．ただし，波動関数が 0 になる点では電子密度も 0

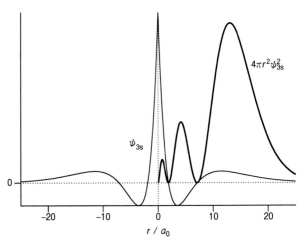

図2.16 水素 3s-AO の波動関数 ψ_{3s} と $4\pi r^2 \psi_{3s}^2$ のプロット

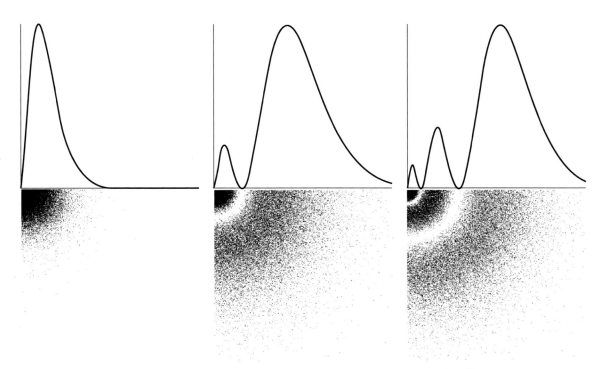

図 2.17 $10a_0$ までプロットした 1s-, 2s-, 3s-AO の動径分布関数と
電子密度のドット図の四分円
球状の節面の数は 3s が 2 個, 2s が 1 個, 1s は 0 個.

となる. 実際, 負の電子密度はありえないし, 負の確率もありえないから, こ
のことは感覚的にも理解できるであろう. 電子密度は 0 または正の値にはな
るが, 決して負の値になることはないのである.

1s, 2s, 3s の動径分布をともに同じスケールで図 2.17 にプロットし, それ
らを比較すると大変勉強になる. s-AO の有効サイズは, 主量子数の増加とと
もに増大する. そして, $n = 2$ と $n = 3$ の場合もまた電子密度は原子核のと
ころで大きくなっているが, r の増加とともに体積が増加するので, 総計とし
ての電子密度は 2s や 3s の r が大きな外側の領域で最大となっている.

2.4.5 水素の p-AO

p 型 AO $(l = 1)$ は, s 型 AO とは異なる特徴をもっている. 水素原子には,
2p が三つ, 3p も三つあるが, その一つを図 2.18 にプロットしている. 主量
子数が増加すると AO 全体のサイズが増大する. とくに目立つ特徴は, AO が
<u>球対称ではなく, 方向性をもっている</u>ことである. これらの AO の形は, 二次
元の断面積を縦軸について回転することによって再現できる (縦軸は紙面の上
辺から下辺へとおる軸である).

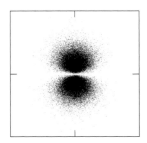

図 2.18 原子核を含んだ
平面における 2p-AO の電
子密度のドット図
原子核は正方形の中心にある.

まず，2p-AO（図2.18）を考えてみよう．図2.18には，$m_l = 0$ の 2p-AO を表している．この AO では，ほとんどの電子密度が z 軸を中心にして集まっている．そのため，この AO は $2\mathrm{p}_z$ とよばれる．2p は節面をもっている．それぞれの 2p-AO は，二つの**ローブ**（lobe）[14] を分割する<u>節面</u>を一つもっている（$2\mathrm{p}_z$ の場合は xy 面）．s 型 AO の場合には，主量子数が増加するとき現れる節面は球状であった．

$n = 2$ のときの波動関数は $2\mathrm{p}_1$，$2\mathrm{p}_0$，$2\mathrm{p}_{-1}$ になる（添え字 1，0，−1 は，許される三つの m_l の値である）．これを理解するためには，これらの波動関数は非常に不便である．というのは，$m_l = +1$ と −1 の 2p-AO には**虚数**（imaginary number）i が含まれているからである．i は −1 の平方根である．これらの二つの波動関数を**一次結合**（linear combination）の形で互いに**混ぜ合わせる**ことができる．一次結合の結果は，見た目には $2\mathrm{p}_z$ と同じ形で，方向だけがそれぞれ x 軸と y 軸を向いている二つの AO になる．これらの二つの新しい AO を $2\mathrm{p}_x$，$2\mathrm{p}_y$ とよぶ．これらの波動関数，式（2.19）と式（2.20）のなかにはもはや虚数 i は含まれていない．

$$\psi_{2\mathrm{p}_x} = \frac{1}{\sqrt{2}}\left(\psi_{2\mathrm{p}_1} + \psi_{2\mathrm{p}_{-1}}\right) \tag{2.19}$$

$$\psi_{2\mathrm{p}_y} = \frac{1}{\sqrt{2}}\left(\psi_{2\mathrm{p}_1} - \psi_{2\mathrm{p}_{-1}}\right) \tag{2.20}^{[15]}$$

三つの 2p-AO（図 2.19，2.20）は形が同じで，向きだけが違う．ただし，m_l の値 1，0，−1 と座標軸 x，y，z を直接関係づけることはできない．また s-AO の場合には，波動関数と電子密度は原子核のところで<u>最大</u>になるが，2p

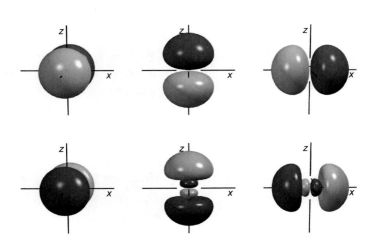

図 2.19　（上段：左から右）$2\mathrm{p}_{y^-}$，$2\mathrm{p}_{z^-}$，$2\mathrm{p}_x$-AO および（下段：左から右）$3\mathrm{p}_{y^-}$，$3\mathrm{p}_{z^-}$，$3\mathrm{p}_x$-AO の境界表示

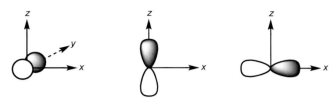

図 2.20　（左から右）2p$_y$-，2p$_z$-，2p$_x$-AO の簡略化した表現

の場合には，節面が原子核をとおる結果，原子核のところで電子密度は<u>0</u>となる．

2.4.6　波動関数の符号と陰影づけ

図 2.21 に示されている p-AO の簡略図は，二つの情報をもっている．図の形は，ψ^2 すなわち確率密度に対応する．図のなかでつけた陰影は，波動関数ψ の符号を示し，正か負のどちらかである．波動関数の相対的な符号はしばしば「＋」または「−」で示されることがあるが，<u>これらの符号は電荷とはまったく関係がない</u>．これらの符号は波動関数の値が正か負かを表すだけである．波動関数の符号は正であっても負であっても，原子の場合は特別の意味をもたない．しかし，原子が結合して分子をつくるときには非常に重要になる．

2.4.7　水素の d-AO

主量子数が 2 より大きい場合には，それぞれ<u>五つ</u>の独立な d-AO がある．これらは m_l の値が 2，1，0，−1，−2 の場合に対応する．$m_l = 0$ 以外の四つは−1 の平方根である虚数 i を含んでいるので，座標軸 x，y，z に関係した波動関数にするために一次結合をとる．

得られた四つの波動関数，3d$_{xy}$，3d$_{xz}$，3d$_{yz}$，3d$_{x^2-y^2}$ は，形が同じで空間配向だけが違う（図 2.22，図 2.23）．3d$_{xy}$，3d$_{xz}$，3d$_{yz}$ では，電子密度の四つのローブは，座標軸の間に配向しているが，3d$_{x^2-y^2}$ だけはローブが x 軸と y 軸に沿って配向している．

3d$_{z^2}$〔図 2.22 (b)，2.23〕はこれらと違った形をしている．全電子密度の半分は，z 軸方向を向いている二つの大きなローブに局在している．電子密度の残りの半分は，z 軸を中心にして，xy 面のまわりでドーナツ形をした領域に局在している．AO は円柱対称をもっており，三次元の図は z 軸のまわりでドット図を回転することによって得られる．数学的には，3d$_{z^2}$ は 3d$_{z^2-x^2}$ と 3d$_{z^2-y^2}$ の一次結合に対応しており，したがって 3d$_{2z^2-x^2-y^2}$ を 3d$_{z^2}$ とよぶ．

2.4.8　オービタルの占有数

どのオービタルも電子<u>2 個</u>まで収容できる．電子 1 個は許されるが，3 個以上の電子は<u>許されない</u>．電子を小さな硬い球とみなすのは適切ではなく，電子

図 2.21　陰影は 2p 波動関数の符号を表す

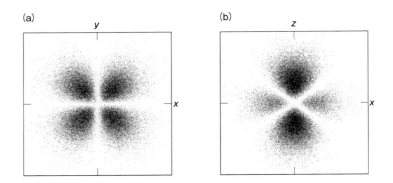

図 2.22　（a）3d$_{xy}$-AO のドット図．yz 平面と xz 平面は節面になっている．原子核は正方形の中心にある．（b）鉄の 3d$_{z^2}$-AO ドット図（4a_0 平方）．二つの円錐形の節面は原子核のところで交差している．原子核は正方形の中心にある．

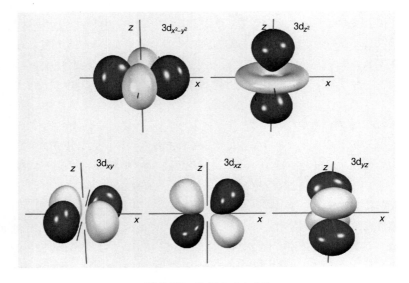

図 2.23　5 個の 3d–AO

のいくつかの性質を説明するためには，電子が自転運動（スピン）していると考えると都合がよい．オービタルに電子が 2 個入っているときは，一つの電子がある方向に<u>回転</u>つまり<u>スピン</u>し，もう一つの電子は逆方向に回転つまりスピンしている．このようないい方は，多分，正しい用語とはいえないのだろうが[†16]，一般に使われている．違う方向を向くスピンは**スピン磁気量子数**（spin quantum number）で区別する．スピン磁気量子数 m_s は $+1/2$ または $-1/2$ の値をとる．電子が原子核のまわりを回転運動または軌道運動していることと，スピン量子数を混同してはならない．

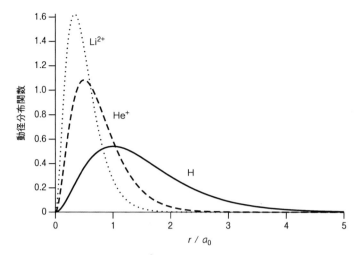

図 2.24 H, He$^+$, Li^{2+} の 1s-AO についての動径分布関数

2.4.9 ほかの一電子原子についての波動方程式

水素は，唯一の中性の一電子原子である．ほかのすべての一電子原子は，正の電荷をもっており，通常はイオンとよばれるものである（詳しくいえば陽イオン）．He$^+$ または Li^{2+} のような一電子イオンについての波動方程式は，水素原子の波動方程式と非常によく似ている．最も重要な付加因子は，原子核の電荷である．水素原子では，原子核は陽子で +1 の電荷をもっている．ヘリウム原子の原子核は +2 の電荷をもっており，リチウム原子の原子核の電荷は +3 である．原子核の電荷が電子に及ぼす効果は，引力がより強くなるので電子は原子核に引き寄せられる．これは，一電子原子の 1s-AO に対しての波動関数によって表される〔式（2.21）〕．ここで Z は原子核の電荷を表す．

$$\psi_{1s} = \frac{1}{\sqrt{\pi}} Z^{3/2} \, e^{-Zr} \tag{2.21}$$

水素の 1s 波動関数もこの式で記述できる．水素では $Z = 1$ と，ヘリウムでは $Z = 2$，リチウムでは $Z = 3$ などである．図 2.24 は，H と He$^+$, Li^{2+} についての動径分布関数のプロットを示しており，原子核の電荷が増加すると AO が収縮することがわかる．

2.5　多電子原子についての組み立ての原理

水素原子以外の原子についても，シュレーディンガー方程式を解くことができる．しかし，2個以上の電子を含む原子では正確に解くというわけにはいかない．理由は電子間反発により，式が複雑になるからである．水素原子の波動関数は，一電子原子についてのみ有効のはずであるが，幸いにも，この波動関数は多電子原子にも適用できる．

　原子の電子配置とは，いろいろな AO の占有数を書き上げることである．電子の数が増えてくる場合の電子配置を書き上げる手順を**組み立ての原理**（building–up principle）あるいは**アウフバウの原理**（Aufbau principle）という．

　基底状態の水素原子は，$n = 1$, $l = 0$, $m_l = 0$ の AO に電子を 1 個もっている．すなわち，1s に電子が 1 個入っている．これを 1s^1 と記す．電子が 1 個の場合には，通常その電子が 1s に入る理由は，1s の電子のエネルギーが最も低いからである．ほかの AO に電子が入るときはエネルギーが高くなる．

　ヘリウム原子ではどうなるか．1s は 2 個の電子を収容できる．1s は，エネルギーが最も低い AO であり，第二の電子も 1s に入る．1s に入った第二の電子は電子間反発で不利になるけれども，エネルギーの高い 2s へ入るよりもエネルギー的に安定である．ただし，ヘリウムの 1s に入っている電子のエネルギーは，原子核の電荷が大きいので水素の 1s の電子のエネルギーよりも低い．

　ヘリウム原子の二番目の電子についての n, l, m_l の値は，第一の電子と同じであるが，2 個の電子のスピン磁気量子数は異なる．一方の電子が $+1/2$ の値をとり，他方の電子は $-1/2$ の値をとる．つまり，スピンは互いに反対方向を向いている．このことを，エネルギー準位図（図 2.25）では矢印を使って表す．ヘリウム原子の電子配置は 1s^2 と書く．また $+1/2$ のスピン磁気量子数をもつ電子は**上向きスピン**をもつといい，逆に $-1/2$ のスピン磁気量子数をもつ電子は**下向きスピン**をもつという．

　ヘリウム原子の電子配置は，**パウリの排他原理**（Pauli exclusion principle）のいい適用例になる．2 個の 1s 電子がともに上向きスピンであることは許されない（図 2.26）[17]．なぜならば，この場合スピン磁気量子数が同じだからである．

　第三の元素リチウム（図 2.27）を考えてみよう．第一電子殻はすでに 2 個の電子によって満杯になっているから，第三の電子は $n = 2$ の AO に<u>入っていかねばならない</u>（$n = 3$ の AO は，$n = 2$ のどの AO よりもエネルギーが高いから）．水素型原子の場合は，2s と 2p は縮重しているので，一見して，第三の電子は 2s か 2p のどちらへでも入っていけるであろう．しかし，多電子

パウリの排他原理：いかなる原子でも，2 個の電子は，四つの量子数のいずれかが同じであることは許されないという規則．

†17 訳者注：n, l, m_l, m_s（スピン量子数）.

図 2.25　ヘリウムの電子配置

図 2.26　パウリの排他原理で禁じられているヘリウムの電子配置

図 2.27　基底状態のリチウムのエネルギー準位図

原子ではこのような AO 縮重はなくなり，2s は 2p よりもエネルギーが低くなる．これが，なぜ 2s に先に電子が入るかの理由である．エネルギーが，このようになる理由は**オービタル遮へい**（orbital screening）（遮へい効果のこと）のためである[18]．リチウムの電子配置は $1s^2 2s^1$ となる．

†18 訳者注：遮へいは shielding ともよばれる．

2.5.1 遮へい効果

リチウム原子のなかの第三の電子に注目しよう．この電子は，原子核がもつ +3 の電荷の影響を受ける．しかし，内殻に入っている 2 個の電子の負電荷と反発する．図 2.28 は，リチウムの 1s，2s，2p の動径分布関数を示している．明らかに 1s の電子は 2s や 2p の電子に比べて原子核にずっと近いところにいる．そのため，1s に入っている 2 個の内殻電子は，原子核がもっている電荷 +3 を第三の電子に対して遮へいする．原子核の電荷 Z と 2 個の内殻電子による遮へい効果との差を**有効核電荷**（effective nuclear charge）すなわち Z_{eff}〔式（2.22）〕とよぶ．一般に多電子原子では，どの電子もほかの電子によって原子核から遮へいされる．

$$Z_{\text{eff}} = Z - 遮へい定数 \qquad (2.22)$$

図 2.28 は，リチウム原子の 1s についての動径分布関数のプロットに，2s と 2p についての動径分布関数のプロットを重ねたものである．2s に入っている電子は，2p に入っている電子とは原子核からの遮へいの大きさが異なる．r が小さいところ，すなわち原子核に近い領域を調べてみよう．2s では原子核に非常に近い 1s の領域のところにも有意の量の電子密度がある．すなわち，2s は 1s が占める空間の内側まで入り込むもしくは浸透する．2p にはこのよ

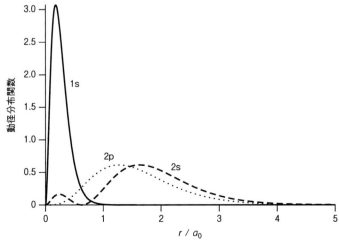

図 2.28 リチウムの 1s-，2s-，2p-AO についての動径分布関数

うな効果はほとんどない．そのため，2s の電子に対する 1s 電子の遮へいは 2p の電子に対する遮へいよりも小さくなる．したがって 2s の電子が感じる有効核電荷 Z_{eff} は，2p の電子が感じる有効核電荷よりも大きくなる．AO に入っている電子のエネルギーは有効核電荷に依存するので，計算すればわかるように，リチウムの第三の電子のエネルギーは，2p に入るよりも 2s に入る方が低くなる．つまり有利な電子配置は $1s^2 2p^1$ ではなく，$1s^2 2s^1$ である．

　次の元素はベリリウムである．第三と第四の電子がスピン対をなして 2s に入る方が，2s と 2p に 1 個ずつ入るよりも有利である．したがって，ベリリウムの電子配置は $1s^2 2s^2$ となる．

2.5.2　フントの最大多重度則

　第五の元素のホウ素では，2s は完全に埋っている．第五の電子は三つの 2p–AO のどれかに入るのだが，2p は縮重しているので，どれに入ってもかまわない．すなわち，ホウ素の電子配置は $1s^2 2s^2 2p^1$ となる．六番目の元素の炭素の場合はどうなるだろうか．電子配置は $1s^2 2s^2 2p^2$ である．2p に入る 2 個の電子はどのように配置されるのだろうか．

　図 2.29 は，2 個の電子に割り振る四つの量子数が同じであってはならないと規制するパウリの排他原理で許される三通りの電子配置を示している．フントの最大多重度則〔Hund's rule of maximum multiplicity，またはフント則 (Hund's rule) ともいう〕がどの電子配置が適切かという問題を解決する．この規則からわかることは，縮重したオービタルに電子が入る場合，できるだけ多くの電子が同じ向きのスピンをもって（平行スピン）別べつのオービタルに入る電子配置のエネルギーが最も低いということである．図 2.29 の電子配置 a がこれになる．これは炭素原子中に 2 個の 2p 電子が入っている電子配置である．電子配置 b では，2 個の電子が対をつくって一つのオービタルに入るので，余分のエネルギーが必要である．電子配置 c ではスピンが平行になっていない．フントの規則は経験的な観測によるものではなく，理論的に説明できるものである．

フントの最大多重度則：できるだけ多くの電子が同じ向きのスピンをもって（平行スピン）別べつのオービタルに入る最低エネルギーの電子配置の状態．

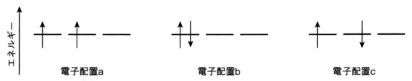

　　　　　　　　　　電子配置a　　　　　　　　　　電子配置b　　　　　　　　　　電子配置c

図 2.29　縮重した三つの p-AO に 2 個の電子が入る場合の三通りの可能な電子配置

2.5.3　有効核電荷の計算

AO に入っている電子のエネルギーと AO の大きさは，有効核電荷 Z_{eff} に依存している．化学結合を議論するためには，AO の相互作用のしかたについてのいくつかの知識が必要であるし，AO の大きさとエネルギーも非常に重要である．有効核電荷を計算するために，通常，原子内のほかの電子の遮へい効果に数値をあてがって経験則をつくる．経験則の一番簡単なものは**スレーターの規則**（Slater's rule）である．この規則は，ある AO にいる電子に対するほかの電子の有効遮へいを計算する規則である．まず最初，次のように AO を組分けして電子配置を書き上げ，

$$[1s]\ [2s2p]\ [3s3p]\ [3d]\ [4s4p]\ [4d]\ [4f]\ [5s5p]\ [5d]\ [5f]\ \cdots$$

順番に次の規則を用いる．

規則 1：電子が $[ns,\ np]$ グループにいるときは，そのグループの<u>右側</u>のグループにいる電子による遮へいは，すべて <u>0</u> とする．

規則 2：電子が $[ns,\ np]$ グループにいるときは，$[ns,\ np]$ の AO にいるほかの電子による遮へいは，1 電子当たり 0.35 とする．ただし，1s の場合は例外で，遮へいは 0.3 とする．

規則 3：すぐ<u>左側</u>のグループにいる電子による遮へいは，1 電子当たり 0.85 とする．

規則 4：<u>左側二つ目以上</u>へだてたグループの電子による遮へいは，すべて 1 電子当たり 1.0 とする．

規則 5：$[nd]$ または $[nf]$ グループにいる電子を考えるときにも，規則 1 と規則 2 を用いるが，$[nd]$ または $[nf]$ の左側のグループの電子からの遮へいは，すべて 1.0 とする．

どんな規則でも，いくつかの例題を解いてみると，その規則をよく理解できる．炭素原子の 2p 電子について計算してみよう．この計算を行うために，炭素原子の電子配置を $[1s]^2[2s2p]^4$ と書く．

規則 1 の適用：右側には電子が配置された AO グループがないので遮へいは 0.

規則 2 の適用：ほかの 3 個の電子による遮へいは $3 \times 0.35 = 1.05$.

規則 3 の適用：2 個の 1s 電子による遮へいは $2 \times 0.85 = 1.7$.

規則 4 は不要である．$[2s2p]$ グループより二つ目以下のグループはないからである．

規則 5 も不要である．

結局，全遮へいは $1.05 + 1.7 = 2.75$ となる．炭素原子の場合は $Z = 6$ で

表 2.6 スレーターの有効核電荷 Z_{eff}

Z	1s	2s	2p
1 (H)	1.0		
2 (He)	1.7		
3 (Li)	2.7	1.3	
4 (Be)	3.7	1.95	
5 (B)	4.7	2.6	2.6
6 (C)	5.7	3.25	3.25
7 (N)	6.7	3.9	3.9
8 (O)	7.7	4.55	4.55
9 (F)	8.7	5.2	5.2
10 (Ne)	9.7	5.85	5.85

表 2.7 クレメンティ・ライモンディの有効核電荷 Z_{eff}

Z	1s	2s	2p
1 (H)	1.0		
2 (He)	1.69		
3 (Li)	2.69	1.28	
4 (Be)	3.68	1.91	
5 (B)	4.68	2.58	2.42
6 (C)	5.67	3.22	3.14
7 (N)	6.66	3.85	3.83
8 (O)	7.66	4.49	4.45
9 (F)	8.65	5.13	5.10
10 (Ne)	9.64	5.76	5.76

あるから, $Z_{eff} = 6 - 2.75 = 3.25$ となる. ほかの原子のスレーターの有効核電荷も同じようにして計算する（表 2.6）. これらの計算に用いた遮へいの数値は，（エネルギーの計算をするとき，まずまずの答えを与えるように設定されたものであって）特別に意味深い哲学的または数学的理由があるわけではない. また, たとえばリチウムの 2s にいる電子のエネルギーは，2p にいる場合よりも低いことを予想するには，荒らすぎる近似である. しかし, スレーターの規則のいくつかは，合理的に説明できる. たとえば, 1s にいるどの電子も 3p にいる電子に対してほぼ完全に遮へいをし，その結果 3p 電子に対する 1s 電子の遮へいは 1.0 となることがわかる. 外側の AO が内側の AO のなかへしみ込んでいる場合（図 2.28）には，外側の AO の電子に対する内側の電子の遮へいは完全ではなくなる. すなわち, 遮へい効果が 1.0 よりも若干小さくなる.

　スレーター規則は近似であるけれども，わかりやすい. 2p についての数値を計算してみよう. 2p 電子が感じる有効核電荷は周期表の左から右へいくに従って増加する. 有効核電荷が増加するので AO は収縮する. これは, なぜフッ素原子がホウ素原子よりも小さいかをよく説明している. もっと手のかかった規則〔**クレメンティ・ライモンディ則**（Clementi-Raimondi's rule, 表 2.7）〕は，よりよい Z_{eff} 値を与える.

2.6　電子構造と周期表

　すべての元素についての電子配置を記述するためには，四つの量子数 n, l, m_l, m_s があれば十分である. すべての元素の電子配置は，上に述べた規則によって書き上げることができる. 1 番から 36 番までの元素の電子配置を表 2.8 に示す.

　これらは気相の中性原子の電子配置である. d-ブロック金属化合物中のような別の環境のもとでの電子配置は，気相の原子の電子配置と同じであるとは限らない. ときには思いがけない結果もでる. カリウム（$Z = 19$）では, 電子は 3d ではなく，4s に入る. これはカリウムの 4s にいる電子のエネルギーが，その電子がカリウムの 3d にいるときよりも低いからである. スカンジウム（$Z = 21$）の場合には，事情は複雑になる. 基底状態にある中性原子の電子配置は ［Ar］$3d^1 4s^2$ である. 実験では 4s 準位のほうが 3d 準位よりも高い. これは明らかに**組み立ての原理**に違反している. この現象についての簡単な説明はないが，これは電子間反発によるもので，この問題に興味をもつ人はもっと進んだ本を読んでほしい. 同様に, クロムの電子配置は［Ar］$3d^4 4s^2$ ではなく，［Ar］$3d^5 4s^1$ であり，銅の電子配置は ［Ar］$3d^9 4s^2$ ではなく，［Ar］$3d^{10} 4s^1$ である. クロムや銅では，後者の電子配置の系の全エネルギーの方が小さいため，後者の電子配置となる.

　周期表は，化学的性質が周期的であることを具体化にしたものを基本にした

表 2.8　原子番号 1 から 36 までの元素の電子配置（気相）

Z	元素	電子配置	省略形
1	H	$1s^1$	$1s^1$
2	He	$1s^2$	$1s^2$
3	Li	$1s^2 2s^1$	$[He]2s^1$
4	Be	$1s^2 2s^2$	$[He]2s^2$
5	B	$1s^2 2s^2 2p^1$	$[He]2s^2 2p^1$
6	C	$1s^2 2s^2 2p^2$	$[He]2s^2 2p^2$
7	N	$1s^2 2s^2 2p^3$	$[He]2s^2 2p^3$
8	O	$1s^2 2s^2 2p^4$	$[He]2s^2 2p^4$
9	F	$1s^2 2s^2 2p^5$	$[He]2s^2 2p^5$
10	Ne	$1s^2 2s^2 2p^6$	$[He]2s^2 2p^6$
11	Na	$1s^2 2s^2 2p^6 3s^1$	$[Ne]3s^1$
12	Mg	$1s^2 2s^2 2p^6 3s^2$	$[Ne]3s^2$
13	Al	$1s^2 2s^2 2p^6 3s^2 3p^1$	$[Ne]3s^2 3p^1$
14	Si	$1s^2 2s^2 2p^6 3s^2 3p^2$	$[Ne]3s^2 3p^2$
15	P	$1s^2 2s^2 2p^6 3s^2 3p^3$	$[Ne]3s^2 3p^3$
16	S	$1s^2 2s^2 2p^6 3s^2 3p^4$	$[Ne]3s^2 3p^4$
17	Cl	$1s^2 2s^2 2p^6 3s^2 3p^5$	$[Ne]3s^2 3p^5$
18	Ar	$1s^2 2s^2 2p^6 3s^2 3p^6$	$[Ne]3s^2 3p^6$
19	K	$1s^2 2s^2 2p^6 3s^2 3p^6 4s^1$	$[Ar]4s^1$
20	Ca	$1s^2 2s^2 2p^6 3s^2 3p^6 4s^2$	$[Ar]4s^2$
21	Sc	$1s^2 2s^2 2p^6 3s^2 3p^6 3d^1 4s^2$	$[Ar]3d^1 4s^2$
22	Ti	$1s^2 2s^2 2p^6 3s^2 3p^6 3d^2 4s^2$	$[Ar]3d^2 4s^2$
23	V	$1s^2 2s^2 2p^6 3s^2 3p^6 3d^3 4s^2$	$[Ar]3d^3 4s^2$
24	Cr	$1s^2 2s^2 2p^6 3s^2 3p^6 3d^5 4s^1$	$[Ar]3d^5 4s^1$
25	Mn	$1s^2 2s^2 2p^6 3s^2 3p^6 3d^5 4s^2$	$[Ar]3d^5 4s^2$
26	Fe	$1s^2 2s^2 2p^6 3s^2 3p^6 3d^6 4s^2$	$[Ar]3d^6 4s^2$
27	Co	$1s^2 2s^2 2p^6 3s^2 3p^6 3d^7 4s^2$	$[Ar]3d^7 4s^2$
28	Ni	$1s^2 2s^2 2p^6 3s^2 3p^6 3d^8 4s^2$	$[Ar]3d^8 4s^2$
29	Cu	$1s^2 2s^2 2p^6 3s^2 3p^6 3d^{10} 4s^1$	$[Ar]3d^{10} 4s^1$
30	Zn	$1s^2 2s^2 2p^6 3s^2 3p^6 3d^{10} 4s^2$	$[Ar]3d^{10} 4s^2$
31	Ga	$1s^2 2s^2 2p^6 3s^2 3p^6 3d^{10} 4s^2 4p^1$	$[Ar]3d^{10} 4s^2 4p^1$
32	Ge	$1s^2 2s^2 2p^6 3s^2 3p^6 3d^{10} 4s^2 4p^2$	$[Ar]3d^{10} 4s^2 4p^2$
33	As	$1s^2 2s^2 2p^6 3s^2 3p^6 3d^{10} 4s^2 4p^3$	$[Ar]3d^{10} 4s^2 4p^3$
34	Se	$1s^2 2s^2 2p^6 3s^2 3p^6 3d^{10} 4s^2 4p^4$	$[Ar]3d^{10} 4s^2 4p^4$
35	Br	$1s^2 2s^2 2p^6 3s^2 3p^6 3d^{10} 4s^2 4p^5$	$[Ar]3d^{10} 4s^2 4p^5$
36	Kr	$1s^2 2s^2 2p^6 3s^2 3p^6 3d^{10} 4s^2 4p^6$	$[Ar]3d^{10} 4s^2 4p^6$

分類体系である．互いによく似た化学的性質を示す元素が縦に並んでおり，それを族とよぶ．化合物の化学的性質は化合物内の元素の電子的な性質に依存する．これらは希ガスの中性原子とは同じではない．表 2.8 の原子の電子構造のみならず，より重い元素の電子構造も周期表の構造と非常に良い相関がある．たとえば，同じ族の原子の最外殻の電子配置は同じである（ただし，d-ブロックの金属は例外である）．たとえば，ハロゲン（F，Cl，Br，I）の最外殻の電子配置はすべて s^2p^5 である．

　一般的な周期表の元素配列だけが唯一の元素の配列表ではない．別の元素配列も可能であるが，それぞれ一般的な元素配列と比べて短所もあり，長所もある．AO が埋まっていく順番を覚えるためのよい方法を表 2.9 に示しておく．ここでは，順番は左から右へ，また上から下へと読む．これは**ジャネットの周期表**（Janet periodic table）**の現代版**（図 2.30）への道をつけるものである．この表は，いくつかの点で一般的な周期表よりも優れている．

表 2.9　気相の中性原子に対して原子の軌道が満たされる序列を思いだすためのチャート
上の列から下の列に，そして左から右に（1s → 2s → 2p → 3s → 3p → 4s → 3d など）表を読む．このチャートはほとんどの場合よく当てはまるが，一部例外がある．

			1s
			2s
		2p	3s
		3p	4s
	3d	4p	5s
	4d	5p	6s
4f	5d	6p	7s
5f	6d	7p	8s

																1 H	2 He
																3 Li	4 Be
										5 B	6 C	7 N	8 O	9 F	10 Ne	11 Na	12 Mg
										13 Al	14 Si	15 P	16 S	17 Cl	18 Ar	19 K	20 Ca
21 Sc	22 Ti	23 V	24 Cr	25 Mn	26 Fe	27 Co	28 Ni	29 Cu	30 Zn	31 Ga	32 Ge	33 As	34 Se	35 Br	36 Kr	37 Rb	38 Sr
39 Y	40 Zr	41 Nb	42 Mo	43 Tc	44 Ru	45 Rh	46 Pd	47 Ag	48 Cd	49 In	50 Sn	51 Sb	52 Te	53 I	54 Xe	55 Cs	56 Ba

57 La	58 Ce	59 Pr	60 Nd	61 Pm	62 Sm	63 Eu	64 Gd	65 Gd	66 Tb	67 Ho	68 Er	69 Tm	70 Yb	71 Lu	72 Hf	73 Ta	74 W	75 Re	76 Os	77 Ir	78 Pt	79 Au	80 Hg	81 Tl	82 Pb	83 Bi	84 Po	85 At	86 Rn	87 Fr	88 Ra
89 Ac	90 Th	91 Pa	92 U	93 Np	94 Pu	95 Am	96 Cm	97 Bk	98 Cf	99 Es	100 Fm	101 Md	102 No	103 Lr	104 Rf	105 Db	106 Sg	107 Bh	108 Hs	109 Mt	110 Ds	111 Rg	112 Cn	113 Uut	113 Fl	115 Uup	116 Lv	117 Uus	118 Uuo	119 Uue	120 Ubn

図 2.30　ジャネットの周期表の現代版

たとえば，塩素の電子配置は $1s^22s^22p^63s^23p^5$ と書くが，$[Ne]3s^23p^5$ あるいは単に $3s^23p^5$ と簡略表記法を使う方が便利であり，これにより原子価電子に注目でき，これは反応性にかかわっている．塩素には7個の原子価電子があり，閉殻構造であるネオンの**芯**の外側に7個の電子がある．塩素原子や最初のいくつかの元素（表1.1）について原子のルイス式を書いてみると，なぜこれらの元素が周期的になるかが明確にわかる．

2.7 まとめ
- 原子の概念は2000年以上前にさかのぼる．
- 原子理論の現代的な考えは250年前にさかのぼる．
- 原子構造のボーアモデルは，各軌道においてある（量子化された）決まった距離で核（正電荷）のまわりを<u>回っている</u>電子（負電荷）からなる．
- 電子，光子とほかの小さい物質は粒子性と波動性の両方に関連した性質をもっており，$\lambda = h/mv$ としてド・ブロイによる**粒-波二重性**として表される．
- シュレーディンガーは，<u>波動力学</u>を使って電子の波の性質を表した．
- 原子中の電子に対する波動式は，n（主量子数），l（方位もしくは角運動量量子数），m_l（磁気量子数）の量子数で表される．四つ目の量子数，m_s はスピンを表す．
- l（角運動量量子数）の値 0，1，2，3 はそれぞれ s，p，d，f である．
- 動径分布関数は原子核からのある距離における電子の割合を表す．
- スレーターの規則は，ほかの電子がある軌道の電子へ遮へいする効果を表す数値を規定する便利な規則である．

2.8 演習問題
1. H，He^+，Li^{2+} の 1s で，電子を一番よく見つけることのできる半径（動径分布が最大になる半径）を計算せよ．
2. H，He^+，Li^{2+} の 3s について，動径節面が現れる半径を計算せよ．
3. 水素原子の電子が $n=3$ の準位にいるとき，この電子を取りだすのに要するエネルギーはいくらになるか計算せよ．
4. 水素原子の発光スペクトルのライマン系列，バルマー系列，パッシェン系列，ブラケット系列，プント系列のそれぞれについて，最初の5本のスペクトル線の波数を計算せよ．そして，それらをプロットして水素の発光スペクトルから水素原子のエネルギー準位図をつくってみよ．
5. 適当な参考書を使って，いろいろの可視光に対応する波数領域を計算せよ．前問で計算した発光スペクトル線のどれが可視領域に入るか．

6. 原子単位で表した r についての水素の $2p_z$ の式は次のようになる.

$$\psi_{2p_z} = \frac{1}{4\sqrt{2\pi}}(\cos\theta)re^{-r/2}$$

与えられた点と原子核とを結ぶ線と, z 軸とのなす角度が θ である. この関数のグラフと $(\psi_{2p})^2$ のグラフを, z 軸 ($\theta = 0$) に沿って, ± 10 原子単位までプロットせよ. また $\theta = 90°$ のところでは, これらの関数で何が起こるか.

7. スレーターの有効核電荷の表 (表 2.6) を, $Z = 36$ まで書け.

8. $n = 1$ から $n = 6$ までの電子殻と, それぞれの副電子殻にある AO の数を決定せよ. そして, 電子殻のなかにある AO の数が, n の簡単な式で表せることを示せ.

9. 本書では, 一般的な周期表 (前見返し) とジャネットの周期表 (図 2.30) を紹介した. さらに, 別の周期表の例を見つけ, 三種類の周期表の類似性と差異を分析せよ.

二原子分子の化学結合

3.1　はじめに

　分子のルイス式は化学結合を巧みに記述しており，いろいろな目的で広く使われている．しかし，ルイス式はいくつかの問題点もかかえている．酸素分子（O_2）のルイス式では，結合1本当たり電子を2個使い，計4個の電子で酸素原子を結びつけている．つまり O_2 では，すべての電子は共有電子対か孤立電子対の形で電子対をつくっている．しかし，O_2 は分子構造についてのルイスの表記法が破綻をきたす一つの例なのである．というのは，O_2 は2個の不対電子をもつため，常磁性を示すという実験事実を説明できないのである．

　とはいえ，化学結合のモデルあるいは一般の事柄についてのどのようなモデルでも，一つ悪いという事実が見つかったからといって，そのモデルが棄却されるわけではない．ルイスの結合モデルは，たとえば典型元素の化合物の形を計算するために用いられる**原子価殻電子対反発**（valence shell electron pair repulsion；VSEPR）法（第4章参照）にとっては非常に便利なものである．

　O_2 の常磁性を説明するためには，もっと洗練されたモデルが必要である．そのようなモデルのあらましを理解するためには，はじめにいくつかの簡単な二原子分子の結合について説明する必要がある．まず最も簡単な分子である水素分子の陽イオン（カチオン）H_2^+ から始めよう．

常磁性：常磁性分子は，不対電子を1個以上もっている分子である．反磁性分子ではすべての電子は対をつくっている．

反磁性：反磁性分子は，すべての電子が対をつくっている分子である．

3.2　1s–AO の重なりと最も簡単な二原子分子：H_2^+

　H_2 のルイス式では，2個の電子が単結合をつくって2個の原子核を結びつけている（結合次数は1である）．H_2 に適当な振動数（＝適当な波長）の光を当てると，電子が1個放出され，一時的に安定なイオンである H_2^+ が生成する．これはすべての分子のなかで最も簡単な分子である．この分子イオンでは，2個のプロトンがただ1個の電子を共有することになる．したがって，H_2^+ のルイス式の結合次数は1/2である．この場合，2個の電子で2個のプロトンが結ばれている H_2 の場合ほど強く2個のプロトンをくっつけることができないこ

とは明らかである．しかし，結合はしている．その結合（255 kJ mol⁻¹）は，H₂ の結合（430 kJ mol⁻¹）よりも弱い．その結合長は 106 pm（1 pm ＝ 10 億分の 1 mm ＝ 0.01 Å）で，H₂ の結合長 74 pm に比べて長い．

水素原子はプロトン 1 個と電子 1 個から成り立ち，H₂⁺分子はプロトン 2 個と電子 1 個から成り立っているから，概念的には両方とも 1 電子系である．水素原子の電子は，プロトンのところに中心をもつオービタル（1s-AO）に入っている．H₂⁺ の電子は，2 個のプロトンのところに中心をもつ（いわゆる 2 中心の）オービタルに入る．H₂⁺ の電子は，1s-AO ではなく**分子オービタル**（molecular orbital，分子軌道）[1] に入っている．1s は球状であるが，H₂⁺ の最も低いエネルギー準位に相当する MO は，H−H 結合軸について円柱対称性をもち楕円体の形をしている．

H₂⁺ は分子内のそれぞれの位置で，MO で定められる電子密度をもつ．これは，AO の場合と同じである．分子内のある空間領域には，ほかの領域よりも大きな電子密度をもつところがある．電子の**ドット密度断面図**〔dot density cross-section plot，図 3.1（c）〕は，2 個の原子核間の領域（結合領域）に大きな電子密度があることを示している．AO の場合と同様に，電子密度をこのように詳しく記載するのは大変面倒であるので，一つの規則を設ける必要がある．それには原子を記述するときに用いた**境界線表示**の規則が便利である．一般に，H₂⁺ で電子が入っている MO を境界線表示で表す〔図 3.1（a），（b）〕．オービタルに記している「＋」の符号は，境界線で囲まれた波動関数 ψ の符号が正であることを示し，正の電荷を示すものではない．これは，原子について用いた符号についての慣例と同じである．

原子と同様に分子でも電子はオービタルに入っている．原子であれ分子であれ，オービタルはオービタルであるが，その形は原子核が 1 個の場合と 2 個以上の場合で違ってくる．原子についてのオービタルを **AO**（atomic orbital）とよび，分子についてのオービタルを **MO**（molecular orbital）とよぶ．そして，MO を用いて分子を記述する理論を **MO 理論**（molecular orbital theory）

[1] 訳者注：本書では MO と略す．Orbital には軌道という用語が定着しているが，orbital は電子の波動関数であって電子の軌道ではない．本書では，波動関数を明確に意識するために，オービタルとよぶ．

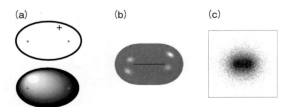

図 3.1 電子をもっている H₂⁺ の σₛ-MO の二種類の境界線表示（a），三次元表示（b），H₂⁺ の最低エネルギー MO の電子ドット密度プロットの断面図（c）
結合長は 106 pm とする．

という．得られる MO は多くの場合，分子全体にわたって広がっている（非局在化している）．

3.2.1 波の干渉現象

音の波にしても光の波にしても，波は相互作用して強めあったり弱めあったりする．いま二つの拡声器をアンプにつないだ場合のことを考えてみよう．一方の拡声器の端子を他方の拡声器の端子と＋，−を逆につなぐと音が消える．なぜならば，一方の拡声器が音をだし，他方の拡声器が音を吸収するからである．コンサートホールや会議場で，ときどき音響効果が悪いときがある．その理由の一つは，音がはね返り，反射した音波が互いに干渉して弱め合うからである．似たような現象を水を用いてつくることができる．池のなかへ小石を投げ込むと，特有の波紋が広がる．小石を二つ投げ込むと二つの波紋ができて互いに重なり合い，理想的な場合には図 3.2 の上側に示すような重なり方をする．

池のなかのある特定の点では，二つの水の波紋は互いに**同位相**（in-phase）で重なり合い，大きな波紋をつくる．ところが，二つの波紋が**逆位相**（out-of-phase）で重なり合うと波が消える．二つの波紋が強くなる場合の計算は比較的簡単である．図 3.2 の上の図の二つの波を考えてみよう．この二つの波は，振幅も波長も同じである．ある位置での合成波の振幅は，二つの成分波の振幅を加え合わせることによって計算できる．その合成波は，図の右側に示されて

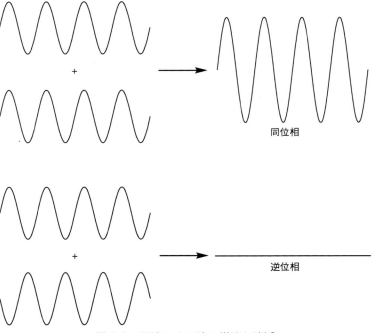

図 3.2 干渉による波の増強と消滅

いる．この操作は式（3.1）のように書くことができる．

$$波 ＋ 波 → 2×波 \qquad\qquad (3.1)$$

　二つの波が図3.2の下の図のように逆の位相で重なり合うと，その結果，波は完全に消滅する．すなわち，図の右側に示しているように振幅が0の1本線となる．これは，第二の波（逆位相）がすべての点で第一の波とは変位の大きさが同じで，波の方向つまり符号が逆になっているからである．これは，単に第一の波に−1を掛けて足せばよい．逆位相の組合せは，式（3.2）のように書くことができる．これは実質上，波−波→0と書くのと同じである．

$$波 ＋ (−1) × 波 → 0 \qquad\qquad (3.2)$$

3.2.2　1s-AO の同位相相互作用

　オービタル中の電子の振舞いは，波の現象として取り扱うことができる．すなわち，ある結合長をもった2個の原子の二つのAOの相互作用としては，強め合う相互作用と弱め合う相互作用がある．AOとして用いる波動関数はsin形の波ではないけれども，波の現象についての原理は同じである．

　これらの相互作用を解析する最も簡単な方法は，構成原子の**AOの一次結合**（linear combination of atomic orbitals；LCAO）をとることである．一次結合によって，それぞれの原子の原子価オービタル（最外殻オービタル）の式を混ぜ合わせることになる．図3.3では，2個の水素原子を結合長だけ離れたところに置いている．その状態で，二つの1s波動関数が相互作用する．先に述べた水の波紋のように，ある点での波の大きさは，それぞれの水素の原子核に中心をもつ二つの波動関数の振幅を，その点で足し合わせることによって計算できる．この足し合わせた結果が図の太線で示されている．この図から，2個の原子核の中間領域で重なりがあることがわかる．これは二つの1s-AOの同位相の一次結合である．二つの水素の1s-AOの同位相の一次結合に対応する

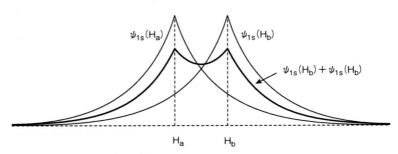

図3.3　二つの水素原子が隣接したときの1s-AOの重なりによる波の強め合い（同位相の組合せ）の概要図

波動関数は，空間の各点で二つの波動関数を足し合わせたものである〔式 (3.3)〕.

$$\psi_{1s}(H_a) + \psi_{1s}(H_b) \rightarrow 同位相の一次結合 \tag{3.3}$$

　ここで前に述べたように，記号 ψ は波動関数を表す．添字の 1s は AO の名前を示す．H_a と H_b は水素原子 a と b を表している．同位相の AO の一次結合でできる MO は，<u>円柱対称性</u>（結合軸の方向からみたとき s-AO のようにみえる）をもっている．MO が円柱対称性をもつ場合，それを σ-MO という.

σ：ギリシャ文字のシグマ.

　同位相の一次結合の場合には，2 個の原子核の間で電子密度が大きくなる〔図 3.1（c）〕．その結果，正の電荷をもっている原子核は互いに遮へいされ，負の電荷をもっている電子が原子核をくっつける．そのため，2 個の原子核の中間領域に電子密度が局在して，2 個の原子核を結びつけている MO を **結合性 MO**（bonding molecular orbital）とよぶ.

3.2.3　規格化定数

　二つ（またはそれ以上の数）の AO を混ぜ合わせるときに，やらなければならないことが一つある．電子密度を得たい場合，数学的には，二つの波動関数を単に足し合わせ，それを二乗すればよいのであって，大した問題ではない．さて，同じ量の赤い粘土と黄色の粘土をこね合わせる場合のことを考えてみよう．結果は 2 倍の量のオレンジ色の粘土になる．<u>同じようなことが</u>，二つの AO を混ぜ合わせる場合にも起こる．混ぜ合わせたオービタルは成分の AO よりも大きくなるが，オービタルの場合には，それだけでは終わらない．なぜならば，1 個の電子をそのオービタルに入れたとき，全空間についてその電子を見いだす確率を総計したものが 1 になるように，オービタルの大きさを調整しなければならないのである．したがって，二つの水素原子の 1s 波動関数を足し合わせてできる MO の場合には，オービタルの大きさが正しい値になるように，ある定数，この場合は $1/N$ を掛ける．定数 N は核間距離を含む因子に依存する．もっとも簡単な分子である H_2^+ では N の値は 0.56 である[†2].

†2 訳者注：規格化定数のなかに，計算が面倒な重なり積分が入ってくる．しかし，これを無視しても，オービタルの特徴を知ることができるので，初学年では，第 1 近似として無視する.

　波動関数から電子密度の値を計算するときは，波動関数を二乗するだけでよいことを思いだそう．同位相の一次結合の波動関数〔式 (3.4)〕は $\psi_{1s}(H_a) + \psi_{1s}(H_b)$ で表されるから，これの二乗は同位相の波動関数〔式 (3.5)〕が一次結合した場合の電子密度を表す.

$$\psi_{同位相} = \frac{1}{N}\big[\psi_{1s}(H_a) + \psi_{1s}(H_b)\big] \tag{3.4}$$

$$\big(\psi_{同位相}\big)^2 = \frac{1}{N^2}\big[\psi_{1s}(H_a) + \psi_{1s}(H_b)\big]^2 \tag{3.5}$$

3.2.4　1s-AO の逆位相相互作用

　AO が一次結合する場合には，構成成分の AO の数と同数の MO が必ずでき
る．AO の一次結合で得られる MO の数が構成成分の AO の数と同じであると
いうことは重要なことである．二つの AO（たとえば H_2^+ の二つの 1s-AO）の
場合から始めると，この場合には二つの MO が必ず得られる．そのなかの一
つについては先に述べてきた．それは σ-MO で，H_2^+ の電子はこの MO に入る．
次に，H_2^+ の逆位相の組合せの MO を考えよう．

　二つの水素の 1s-AO の逆位相の組合せは，空間のそれぞれの点で第一の波
動関数から第二の波動関数を引く（もしくは第二の波動関数に−1 を掛け，第
一の波動関数に加える）ことによって求められる．この結果は図 3.4 と式(3.6)
に示されている．逆位相の組合せに対する規格化定数の大きさは，同位相の組
合せの場合と同じではなく，H_2^+ では N は 1.10 である．逆位相の組合せによ
る波動関数がある領域では負になっているが，負の数を二乗すると正の数にな
るので，直感的に予想できるように，電子密度〔式 (3.7)〕の値はつねに正で
ある．

$$\psi_{\text{逆位相}} = \frac{1}{N}\Big[\psi_{1s}(H_a) - \psi_{1s}(H_b)\Big] \tag{3.6}$$

$$\big(\psi_{\text{逆位相}}\big)^2 = \frac{1}{N^2}\Big[\psi_{1s}(H_a) - \psi_{1s}(H_b)\Big]^2 \tag{3.7}$$

　逆位相の波動関数もまた円柱対称性をもっており，したがって σ-MO であ
る．電子が逆位相の一次結合の MO に入ると，結合領域の電子密度が減少する．

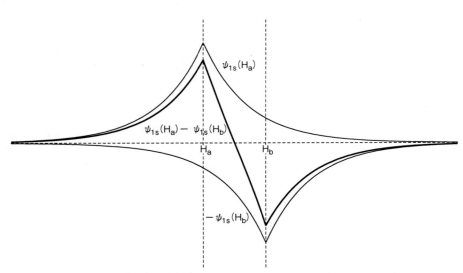

図 3.4　二つの水素原子が隣接したときの 1s-AO の重なりによる波の弱
め合い（逆位相の組合せ）の概要図

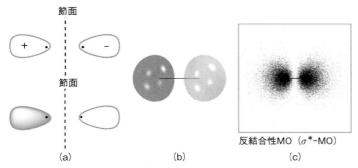

反結合性MO（σ*-MO）

図 3.5 H$_2^+$ の反結合性 MO（σ*-MO）の二種類のフラット境界線表示（a），三次元表示（b），H$_2^+$ の反結合性 MO の電子ドット密度プロットの断面図（c）
結合長は 106 pm とする.

したがって，電子による原子核の遮へいが減少し，2 個の正に帯電した原子核は両方ともより露出している．計算してみると，逆位相の一次結合の MO のエネルギーは，原子の 1s のエネルギーよりも高くなる．このような MO を**反結合性**（antibonding）**MO** とよぶ．MO が反結合性であることを強調するために星印をつける．添字は成分 AO を示す．したがって，記号としては σ$_s^*$（シグマスターと発音）となる.

図 3.5（c）のようなドット電子密度図は非常にわかりやすいけれども，それをつくるのはそれほど簡単ではない．そこで，これらの MO を表す最も便利で，てっとり早い書き方として境界線表示〔図 3.5（a），（b）〕を使う．これらの境界線表示では，「＋」と「−」の符号は，MO がそれぞれ正の値をとる領域と負の値をとる領域を表している．同様に，二つのローブの陰影は，波動関数の符号が互いに逆であることを示す．点線は H−H を 2 等分する平面を表し，そこでは，波動関数の値は正確に 0 となる．この平面を**節面**（node）とよぶ.

H$_2^+$ の σ*-MO には電子が入っていない．反結合性 MO は分子を不安定化するものの，反結合性 MO には絶対に電子が入らないというわけではない．空の MO は空の箱とは違い，数学的な関数であり，入れ物ではない.

3.3 H₂ とそれに関連する二原子分子のエネルギー準位図
3.3.1 H$_2^+$ のエネルギー準位図

詳しくは述べないが，H$_2^+$ で最も低いエネルギーをもつ MO のエネルギーを，実験的に決定することもできるし，計算することもできる．水素原子の AO に入っている電子のエネルギーが計算できる．結合性 MO のエネルギーは水素原子の 1s-AO のエネルギーよりも低い．この結果をもとにして，簡便なエネルギー準位図を描くことができる．結合性 MO が円柱対称性をもつ場合には

節面：波動関数がちょうど 0 になる表面.

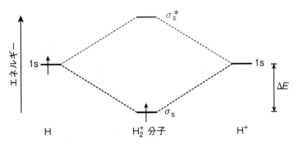

図 3.6　H_2^+ の MO エネルギー準位図

σ-MO と名づけることはすでに述べた（p.57）.

　図 3.6 の左と右の二つの準位は，それぞれ H と H^+ の 1s-AO のエネルギー準位を表す. 中央の低いエネルギー準位は，最も低いエネルギーをもつ H_2^+ の MO の**エネルギー準位**を表している. ここで，矢印は H と H_2^+ の電子を表す. 電子が H のエネルギー準位から H_2^+ のエネルギー準位に移るときに放出するエネルギー ΔE が，H_2^+ の結合エネルギーである. 反結合性 MO のエネルギーの計算値は，1s-AO のエネルギーよりも<u>高い</u>. したがって，このエネルギー準位は原子のエネルギー準位より高いところに置く. H_2^+ ではこの MO には電子が入っていないが，H_2^-のような類似の分子ではこの MO にも電子が配置されることがある.

　分子のルイス式の表記は，電子 2 個が 2 個の原子に共有されて，<u>1 本の結合</u>をつくるという考えである. つまり，<u>2 個の電子で 1 本の結合がつくられる</u>. H_2^+ では，1 個の電子が 2 個の原子核を結びつけるので，H_2^+ の結合次数は 1/2 となる〔p.68, 式 (3.12)〕.

3.3.2　H_2 のエネルギー準位図

　H_2^+ の結合についての考え方が理解できれば，H_2 の結合を表現することはとても簡単である. この場合も，水素の 1s-AO が主役となる. 二つの 1s-AO の重なり方は H_2^+ の場合とまったく同じである. したがって，先に述べた H_2^+ のエネルギー準位図を使う. 完全を期すために，反結合性準位も含めるが，H_2 の場合もこの準位に電子は入らない. 結合性 σ-MO に電子が 2 個入っているから，H_2 の結合次数は 1 である.

　2 個の電子は両方とも，エネルギーが低い方の準位に入る（図 3.7）. しかし第 2 章で議論したように，組み立ての原理から電子のスピンは対をつくっている. 実際，原子についての組み立ての原理で使われたいろいろの規則〔**フントの最大多重度則**（Hund's rule of maximum multiplicity），**パウリの排他原理**（Pauli exclusion principle）など〕は，そのまま分子についても使うことができる.

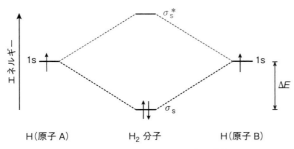

図 3.7 H_2 の MO エネルギー準位図

磁場のなかにおくと，H_2 は H_2^+ とは違った振舞いをする．H_2 分子は磁場に<u>反発する</u>．これを**反磁性**（diamagnetism）という．ところが，H_2^+ は磁場に<u>引かれる</u>．これを**常磁性**（paramagnetism）という．磁化の原因は H_2^+ の不対電子である．H_2^+ のような例外はあるが，分子は本来すべて反磁性である．もし不対電子があれば，その結果，得られる常磁性は反磁性に勝る．

3.3.3　H_2^- のエネルギー準位図

H_2^- イオンは，概念的には H 原子と H^- イオンが結合したものである．H_2^- イオンには 3 個の電子がある．そのうちの 2 個は結合性 σ-MO に入る．この MO にはこれ以上の電子は入れないから，三番目の電子は反結合性の σ^*-MO に入らなければならない（図 3.8）．結合性 σ-MO には電子が 2 個入っているので，結合次数は 1 になる．三番目の電子は反結合性 MO に入るので，結合次数に $-1/2$ の寄与をする．その結果，正味の結合次数は $1 + (-1/2) = +1/2$ となり，H_2^+ の場合と同じになる．

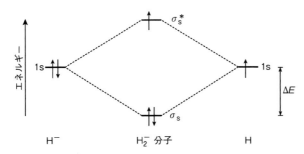

図 3.8 H_2^- の MO エネルギー準位図

3.3.4　He_2 のエネルギー準位図

ヘリウムは単原子の気体であり，He_2 はほんのわずか安定で[†3]，一時的な分子種としてのみ存在する．2 個のヘリウム原子中に存在するそれぞれ 2 個の電子が He_2 のエネルギー準位図に入る（図 3.9）．結合性 MO に入っている 2 個

†3 訳者注：分散力のため He 原子間に弱い引力が働くため．

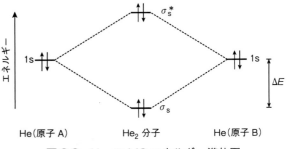

図 3.9 He$_2$ の MO エネルギー準位図

の電子の安定化によって系が得る安定化エネルギーは，反結合性 MO に入っている2個の電子によって相殺される．正味の結合次数は $+1 + (-1) = 0$ となり，結合次数が0の分子は存在しない．2個のヘリウム原子を結びつけるためのエネルギーの優位性はないので，二原子分子である He$_2$ は存在しない．

3.4　p-ブロックの等核二原子分子の結合

3.4.1　2p-AO の重なり

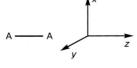

O$_2$ のような二原子分子を記述するときには，まず p-AO の重なりによって何が起こるかを理解しなければならない．二原子分子（たとえば O$_2$）では，慣例により，結合軸を z 軸とする．しかし，こうすると二原子分子では三種類の p-AO は同等ではなくなり，p$_z$-AO は p$_x$-AO および p$_y$-AO とは異なる振舞いをする．

3.4.2　2p$_z$-AO の重なり

結合軸の方向からみると，どの σ-MO も円柱対称であるので，s-AO のようにみえる．二つの s-AO の同位相と逆位相の重なりによって MO が二つできるように，二つの p$_z$-AO の重なりでも MO が二つできる（図 3.10）．得られる MO は円柱対称性をもっている．したがって σ-MO と分類される．同位相

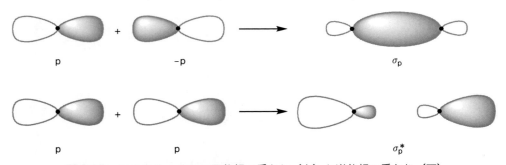

図 3.10　二つの 2p$_z$-AO の同位相の重なり（上）と逆位相の重なり（下）
同位相の組合せは境界線表示により表されている．

の組合せは第二の原子の p_z-AO に−1 を掛け，それに第一の原子の p_z-AO を加え合わせたものになる．原子を a と b で書くと，この組合せは式 (3.8) のように書くことができる．

σ_p の添字 p は，MO が p-AO からできていることを示す．σ_p は，そのエネルギーの計算値が p_z-AO のエネルギーより<u>低くなる</u>ので，結合性 MO である．

$$\sigma_p = \frac{1}{\sqrt{2}}\Big[p_z(原子 a) + (-1) \times p_z(原子 b)\Big] \tag{3.8}$$

逆位相の組合せ〔式 (3.9)〕は反結合性であり，エネルギーの計算値は p_z-AO のエネルギーよりも高くなるので σ_p^* と書く．H_2 の結合性 MO のように，σ_p の電子密度も 2 個の原子核の中間領域で増加することを強調しておく．逆に反結合性の σ_p^* では，電子密度は核間領域で減少する．

$$\sigma_p^* = \frac{1}{\sqrt{2}}\Big[p_z(原子 a) + p_z(原子 b)\Big] \tag{3.9}$$

3.4.3　$2p_x$-AO および $2p_y$-AO の重なり

第一の原子の p_x-AO は，第二の原子の p_x-AO と**側面**で重なる（図 3.11）．MO の対称性が円柱対称でないことがわかる．したがって σ という記号は使えない．結合軸を中心にして 180° 回転すると波動関数の符号が変わり，正のローブが負のローブになる．この性質をもつ MO を π-MO とよぶ．

π_p は，そのエネルギーの計算値が構成原子の p_x-AO のエネルギーよりも低いので，結合性 MO である．同位相の組合せは式 (3.10) のように書く．ここで，添字 p は 2p-AO からつくられることを示すためにつける．しかし，添字をつけなくても混乱することはないであろう．

$$\pi_p = \frac{1}{\sqrt{2}}\Big[p_x(原子 a) + p_x(原子 b)\Big] \tag{3.10}$$

逆位相の組合せが図 3.12 に示されている．得られた MO は π 対称性をもつ

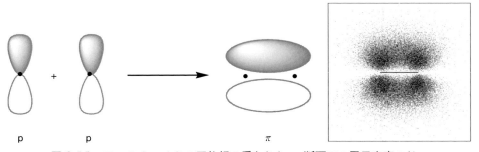

　　p　　　　　p　　　　　　　　　π

図 3.11　二つの $2p_x$-AO の同位相の重なりと *xz* 断面での電子密度のドット図
結合軸方向からみると，π-MO は p-AO のようにみえる．

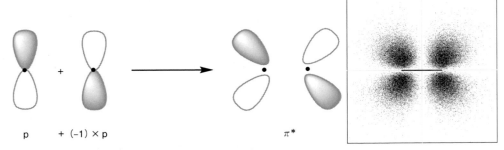

図 3.12　二つの $2p_x$-AO の逆位相の重なりと xz 断面での電子密度のドット図

ているが，そのエネルギーの計算値が構成原子の AO のエネルギーよりも高くなるので，反結合性 MO である．したがって，π^* と記す．逆位相の組合せは，式（3.11）のように書く．この式で添字 p は，式（3.10）と同様に，2p-AO に由来することを示すためにつけるが，つけなくても混乱はない．

$$\pi_p^* = \frac{1}{\sqrt{2}}\Big[p_x(\text{原子 a}) + (-1) \times p_x(\text{原子 b})\Big] \tag{3.11}$$

π 型の結合では，結合性の場合も反結合性の場合も，結合軸付近の電子密度は非常に小さい．π-MO における結合性相互作用は，結合軸の<u>上</u>と<u>下</u>に横たわっている二つの領域の電子密度から生じる．π 相互作用では<u>二つ</u>のローブで一つの MO をつくり，π^* 相互作用では四つのローブで<u>一つ</u>の MO をつくる．

　次に p_y-AO の重なりの様子は，みかけは p_x-AO と同じで，p_x-AO からつくられる MO を単に 90° 回転するだけで，p_y-AO からつくられる MO になる．したがって，p_y-AO の重なりによって生じる π-MO と π^*-MO のエネルギーは，p_x-AO の重なりによって生じるものとまったく同じになる．

　π 結合の場合は，（結合軸付近の電子密度が非常に小さいので）原子核は比較的露出した状態になっている．それに加えて π-MO では AO は側面で重なるから，p_z-AO の**先端どうし** (end-to-end) の重なりよりも小さい．その結果，π 結合は σ_p-結合よりも弱くなる．逆に π^*-MO の不安定化は σ_p^*-MO の不安定化よりも小さい．これらの軌道の重なりを考慮したエネルギーの順序は，図 3.13 のエネルギー準位図のようになる．

　2s のエネルギーは，AO の順序のところで示したように 2p よりも低い．その理由は，2p は 2s よりも核電荷の遮へいが大きいからである（2.5 節）．2s のエネルギーが 2p よりも低いため，反結合性である σ_s^*-MO のエネルギーは結合性の σ_p-MO よりも<u>低くなる</u>．反結合性 MO のエネルギーは，分子中の対応する結合性 MO よりも低くなることはない．ただし，この場合の反結合性とは，その MO エネルギーがとくに構成原子の AO エネルギーよりも高いことを意味している．しかし，<u>構成原子の AO エネルギーがもともと低いときに</u>

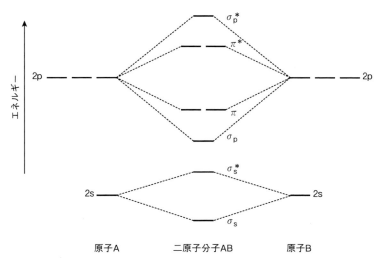

図3.13　2s-AO や 2p-AO の重なりから生じる MO の相対的位置を示す
エネルギー準位図（尺度は任意）

は，その AO からつくられる反結合性 MO のエネルギーは低い．したがって，
もともとエネルギーが高い別の AO からつくられる結合性 MO よりも低くな
ることがときどき起こる．

　二原子分子に組み立ての原理を適用すると，電子は結合性の σ_p-MO よりも
先に σ_s^*-MO に入る．また，π-MO と π^*-MO に電子が入る場合には，**フント
の最大多重度則**（Hund's rule of maximum multiplicity）によって，スピン
が平行になるように入っていく．

　π 結合についての上の記述から，p_x-AO の組合せで生じる結合性 π-MO と，
p_y-AO の組合せで生じる結合性 π-MO は，エネルギーがまったく同じである
から，<u>縮重</u>している．分子の対称性からも，二つの π-MO のエネルギーは，
<u>正確に等しく</u>ならなければならない．同じ理由で，二つの π^*-MO も縮重して
いる．

縮重オービタル：外場の影響
がないときにでエネルギー準
位が等しいオービタル．

3.4.4　どの AO が重なるのか

　前節では，二つの AO の対称性があうときには，これらはいつも重なるとし
た．しかし，一般に，どの AO でもほかの原子の AO と重なることができると
いうわけではない．AO が重なるためにはいくつかの条件を満たしていなけれ
ばならない．その場合，波動関数の符号と形と空間配向がとくに重要である．
<u>AO の対称性</u>もまた非常に重要である．化学結合について襟をただした議論を
するときには，対称性の概念が重要である．さらに詳しい議論を望む読者には，
群論の参考書を読むことをすすめたい．

　AO の重なりを絵で表すために必要な概念をいくつか紹介しておこう．図

図3.14　s-AO と p-AO
との二通りの相互作用
これらの間での相互作用は，
これらが空間的にどのように
配置しているかによる．

図3.15　対称性によって重なりが許されるオービタルの組合せ

結合性の重なりのそれぞれに対応して反結合性の重なりがあることに注意.

図3.16　対称性から重なりが許されないオービタルの組合せ

3.14に示すように，s-AOとp-AOとの間では二通りの重なり方がある．左側の図では，p-AOの**先端**でs-AOが重なり，右側の図では**側面**で重なっている．先端で重なる相互作用では，重なった領域で波動関数の符号は両者同じであり，結合性の重なりである．これが正味の結合性の相互作用である．側面で重なる場合には二つの領域ができる．一つは陰影のない領域どうしの重なりである．この領域では，波動関数の符号は両者とも同じであるから，結合性の重なりとなる．しかしもう一方は，陰影をつけた領域と陰影のない領域との重なりである．この場合は，波動関数の符号が両者で逆であるから，反結合性の重なりとなる．

　対称性から，結合性の重なりと反結合性の重なりの大きさが同じになり相殺し合う．すなわち，正味として結合性も反結合性もでてこない．図3.15と図3.16には，有効な重なりがある場合と重なりがない場合の例がそれぞれ示されている.

3.5　そのほかの p-ブロックの等核二原子分子の結合

　図3.13のエネルギー準位図は，第2周期の等核二原子分子 Li_2 から Ne_2 までのエネルギー準位図を構築するのによい出発点である．その際には周期表の右端の仮想分子 Ne_2 から始めるのがよいであろう．というのは，Neよりも前の元素では面倒なことが起こるからである.

　二原子分子 Li_2 から Ne_2 までの化学結合を考えるときには，厳密にいえば，エネルギー準位図のなかに1s-1sの重なりも含めなければならない．しかしそれはしない．なぜしないのか．原子核の電荷が増加すると，原子のAOエネルギーは下がる．それは，原子核の電荷が増加するとAOが収縮するからである．Li_2 から Ne_2 までの二原子分子においては，もう一つの原子の1sとの重なりが，実際上，<u>無視できるほど小さなサイズ</u>に1sは収縮する．すなわち，1sは結合にほとんど関与しない．結合には原子価AO（2s, 2p）の電子だけを考えればよく，原子価AOではないAO（1s）はすべてエネルギー準位図から

省く．これが内殻電子と原子価電子を区別する理由である．もちろん，これらの準位を書いて悪いということは何もないが，書く<u>必要もない</u>．

3.5.1　Ne₂ のエネルギー準位図

　安定な Ne_2 分子は存在しない．ネオンは単原子の気体である．なぜネオンが二原子分子ではなく単原子分子になるのかを知るためには，エネルギー準位図を描くとわかりやすい．Ne の電子配置は ［He］$2s^2 2p^6$ であり，Ne は 8 個，したがって Ne_2 は 16 個の原子価電子をもっている．この 16 個の電子を図 3.17 中の 8 個のエネルギー準位に配置していこう．

　最初の σ_s-MO は結合性（$a + 1$ の寄与）である．しかし，この MO に電子が入ることから得られる結合エネルギー（安定化エネルギー）は，σ_s^*-MO（$a -1$ の寄与）に電子が入ることによる不安定化するエネルギーと完全に相殺し合う．つまり，これらの二つの MO に電子が 2 個ずつ入っても，結合には何の寄与もしないことになる．同じ理由により，二つの π-MO（$a + 2$ の寄与）に入る 4 個の電子のエネルギーは，二つの π^*-MO（$a-2$ の寄与）に入る 4 個の電子のエネルギーによって相殺される．そして，σ_p（$a + 1$ の寄与）に電子が 2 個入ることから生じる結合も，σ_p^*（$a-1$ の寄与）に電子が 2 個入ることによって相殺される．そのため，結合次数は $1 + (-1) + 2 + (-2) + 1 + (-1) = 0$ と計算される．したがって，Ne_2 中の 16 個の電子は結合には寄与しない．Ne_2 という分子種は存在しない．

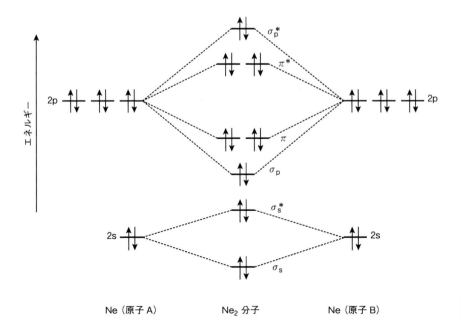

図 3.17　仮想の Ne_2 の MO エネルギー準位図

3.5.2　F_2 のエネルギー準位図

フッ素原子の電子配置は [He] $2s^2p^5$ であり，7 個の原子価電子をもっている．したがって，F_2 のエネルギー準位図には 14 個の電子が配置される（図 3.18）．

F_2 の結合次数は次のようにして計算する．σ_s と σ_s^* の電子は互いに相殺し合って結合には寄与しない．π と π^* に入っている 8 個の電子についても同じことがいえる．残るは σ_p に入る 2 個の電子についてだけである．σ_p^* には電子が<u>入っていないから</u>これらは相殺されない．つまり，この 2 個の電子だけが 2 個のフッ素原子を結びつけるのである．

したがって，結合次数は $1 + (-1) + 2 + (-2) + 1 = 1$．これはルイス式の結合次数に一致する．予想される電子配置には不対電子がないので，F_2 は反磁性である．F_2 の結合エネルギーは小さく，$155 \ kJ \ mol^{-1}$ しかない．また，$F-F$ 結合の長さは 141.2 pm である．式（3.12）を用いて結合次数を計算すると，$(8-6)/2 = 1$ となる．

$$結合次数 = \frac{結合性電子の総数 - 反結合性電子の総数}{2} \tag{3.12}$$

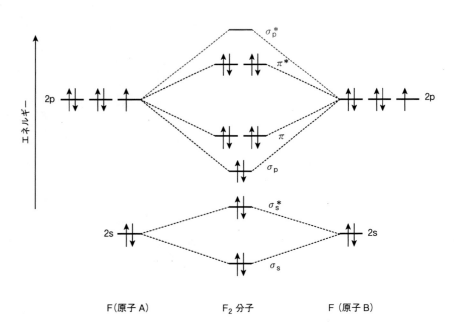

図 3.18　F_2 の MO エネルギー準位図

3.5.3　O_2 のエネルギー準位図

O_2 のルイス式によって二重結合を予想することはできるが，O_2 の常磁性は説明できないということを思いだしてほしい．MO エネルギー準位図による方法が適切な理論的方法であるならば，当然分子の常磁性についても予想できなければならない．

　酸素原子の電子配置は [He] $2s^2 2p^4$ である．O_2 についても図 3.18 と同じエネルギー準位図を使うことができるが，この場合は，12 個の電子を準位図に詰めていくことになる．F_2 に比べて電子が 2 個少ないので，π^* は完全には占有されない．

　10 個の電子が，π-MO を含む五つの MO を満たす（図 3.19）．残りの 2 個の電子を受け入れるのは縮重している π^* 準位である．フントの最大多重度則によれば，2 個の電子はそれぞれ別べつの MO にスピン平行で入らねばならない．その結果，π^* には 2 個の不対電子が存在することになる．このエネルギー準位は HOMO である．σ_p^* は LUMO である．

　結合次数は次のようにして計算する．σ_s と σ_s^* にいる 4 個の電子の結合次数への寄与は互いに相殺され，何の寄与もしない．二重に縮重した π-MO にいる 4 個の電子からの寄与は +2 である．π^* にいる 2 個の電子からの寄与は $2 \times (-1/2) = -1$ である．というのは，二つの π^* にはそれぞれ電子が 1 個ずつしか入っていないからである．σ_p からの寄与は +1，σ_p^* には電子はいない．したがって，結合次数は $1 + (-1) + 1 + 2 + (2 \times -1/2) = 2$ となる．つまり，O_2 の正味の結合次数は +2 である．これはルイス式で示唆されたものと一致する．しかしこの MO による結合の表記は，ルイス模型の結合の表記とは完全に異なっている．結合次数は最終的に同じになっているが，MO による表記は，O_2 の常磁性と，不対電子を 2 個もっているためにビラジカルとして振る舞う O_2 の反応性をよく説明できる．

　O_2 の結合エネルギーは実験から 493 kJ mol^{-1} であり，結合長は 120.7 pm

HOMO：highest occupied molecular orbital，最高被占分子軌道．

LUMO：lowest unoccupied molecular orbital，最低空分子軌道．

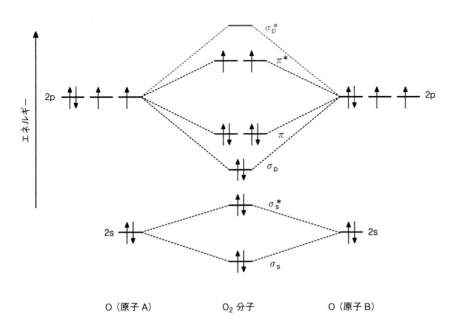

図 3.19 O_2 の MO エネルギー準位図
π^*-MO にいる 2 個の不対電子が O_2 の常磁性を生む．

であることがわかっている．O_2 の結合エネルギーは F_2 よりも大きく，また O_2 の結合長は F_2 のものより短い．O_2 から電子を 1 個取り去ると，興味深いことに結合長は 111.5 pm となり，結合エネルギーは 643 kJ mol^{-1} になる．エネルギー準位図をみれば，電子は π^* 準位から取り去られることがわかる．したがって，O_2^+ の結合次数は $1 + (-1) + 1 + 2 + (-1/2) = 5/2$ となる．これは反結合性の電子を 1 個失うことにより，O_2^+ の結合エネルギーが O_2 の結合エネルギーより大きくなり，結合長が短くなるという実験事実をよく説明できる．

3.5.4　N_2 のエネルギー準位図

Ne_2，F_2，O_2 のエネルギー準位図にはエネルギーの尺度は入れていない．MO 内の電子は互いに反発相互作用することを無視してきた．このことを N_2 では無視することはできない．O_2 と F_2 の議論では，そのような相互作用は小さくて結合次数やエネルギー準位の順序に影響しないので考える必要がなかったのである．

　しかし N_2 の場合には，いろいろの σ-MO にいる電子間の反発を考えなければならない．この電子間反発は，反発がない場合に比べて MO の形を少し変える．これは，注目している MO と対称性が同じほかの MO を混合することによって実現できる．

　まず，$2\sigma_s$ と $2\sigma_p$ との相互作用を考えてみよう（図 3.20）．この二つは対称性が同じでエネルギーも互いにかなり近い．この二つは相互作用する．MO の形が違うとか，エネルギーが違うということはとくに問題にしなくてよい．とにかく，二つの MO を混合すると，結合性の組合せと反結合性の組合せが得られるのである．

　エネルギーが違う二つの MO が相互作用すると，二つの新しい MO ができる．このうち，エネルギーの低い方が結合性で，高い方は反結合性になる．新しい二つの MO のうち，エネルギーが低い方の MO の性質は，もとの MO（構成

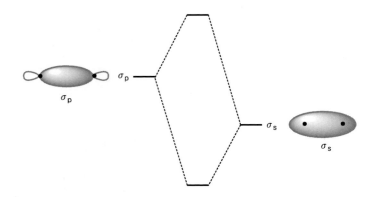

図 3.20　σ_p-MO と σ_s-MO の相互作用

MO) のうちのエネルギーが低い MO（σ_s）の性質に似ており，高い方の MO の性質は，構成 MO のうちのエネルギーが高い MO（σ_p）の性質に似ている．

　要するに，σ_s は σ_p と相互作用することにより変形し，そのエネルギーは低くなる．同様に，σ_p は σ_s と相互作用して変形し，そのエネルギーは高くなる．新しい二つの MO は，両方とも円柱対称性をもち，したがって σ 型 MO である．

　同様に，σ_s^* と σ_p^* は同じ対称性をもつので，互いに相互作用する（図3.21）．その結果，σ_s^* は変形して下がり，σ_p^* は変形して上がる．

　π 型 MO については，これと相互作用する同じ対称性の MO がほかにない．これらの相互作用を考慮すると，N_2 についてのエネルギー準位図は，エネルギー準位の順序が Ne_2 や F_2，O_2 などのエネルギー準位図の順番と違ったものになる（図3.22）．

　σ 型 MO は，正確には σ_s，σ_s^*，σ_p，σ_p^* ではなくなるから，σ_1，σ_2，σ_3，σ_4 と番号づけする．このエネルギー準位図のとくに重要な特徴は，変形した σ_p

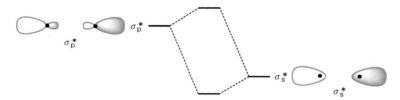

図 3.21 σ_p^*-MO と σ_s^*-MO の相互作用

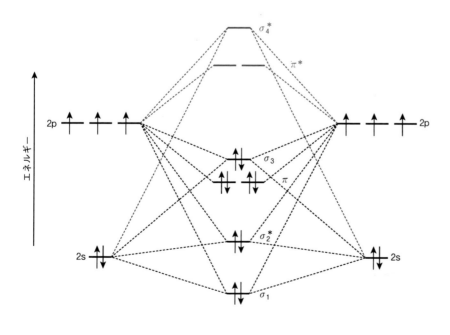

図 3.22 N_2 の MO エネルギー準位図

すなわち σ_3 の準位が，π-MO より上になることである．この結果，組み立ての原理により，σ_3 よりも先に π-MO に電子が入ることになる．

　N_2 についての結合次数の計算は，O_2 や F_2 の結合次数の計算とまったく同じである．σ_1 と σ_2 にいる4個の電子は σ_s と σ_s^* に対応し，結合次数では計算上互いに相殺し合う．残りの6個の電子は三つの結合性 MO に入り，関連する反結合性 MO のどれにも電子はいないから相殺はない．したがって，結合次数は $1+(-1)+2+1 = 3$ となる．すなわち，この結合次数は，ルイス式における N_2 の結合次数と同じである．

3.5.5　C_2 のエネルギー準位図

　二原子分子 C_2 は，試薬びんに入れることができるような安定な分子種ではないが，特別の条件下では実験室で研究できる分子である．C原子の電子配置は $[He]\,2s^22p^2$ で，4個の原子価電子をもっている．したがって二原子分子 C_2 は8個の原子価電子をもち，これらの電子がエネルギー準位図に配置される．C_2 と第2周期の残りの二原子分子については，N_2 で用いたような順序の準位のエネルギー準位図を使う（図3.23）．

　C_2 では，結合次数の計算においては σ_1 電子と σ_2 電子は互いに相殺し合う．つまり，結合への正味の寄与はない．π^*-MO には電子がいないから，π-MO の4個の電子の結合次数への寄与に対する相殺はない．したがって，結合次数を計算すると $1+(-1)+2=2$ となる．すなわち，正味の結合次数は2で

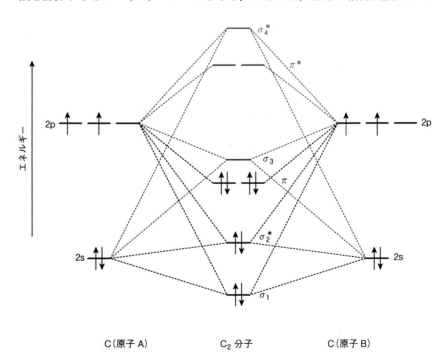

図 3.23　C_2 の MO エネルギー準位図

ある．この場合，σ 結合はなく，2 本の π 結合からなる二重結合となる．エチ
レンの二重結合が 1 本の σ 結合と 1 本の π 結合とからなるのとは対照的である．
C_2 と C_2H_4 の結合次数は両方とも 2 であるが，二重結合を形成する MO の重
なり方は異なる．C_2 分子は反磁性である．

3.5.6　B_2 のエネルギー準位図

　二原子分子 B_2 もまた，単離できる化合物ではないが，実験的に検出され研
究がなされている．ホウ素原子は，電子配置が $[He]\ 2s^22p^1$ であるから，原
子価電子を 3 個もっている．したがって，電子 6 個をエネルギー準位図に配
置する（図 3.24）．

　結合次数の計算においては，σ_1 と σ_2 にいる 4 個の電子の寄与は相殺される．
したがって，π-MO にいる 2 個の不対電子だけが結合性の電子となる．つまり，
正味の結合次数は $1+(-1)+(2\times1/2)=1$ である．結合次数は 1 であるが，
この結合は 1 個ずつ不対電子が入った二つの π-MO でつくられている．B_2 分
子は常磁性である．

3.5.7　Be_2 の化学結合

　二原子分子 Be_2 も単離できない．ベリリウム原子の電子配置は $[He]\ 2s^2$
であるから，4 個の原子価電子がエネルギー準位図に配置される（図 3.25）．
これらの電子は σ_1 と σ_2 に入る．

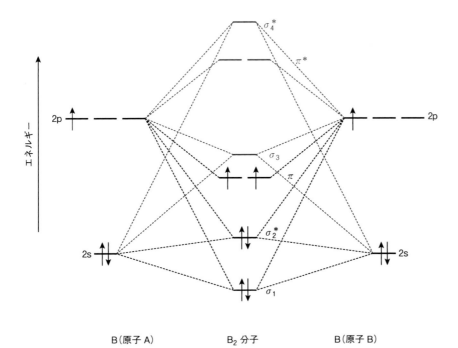

図 3.24 B_2 の MO エネ
ルギー準位図

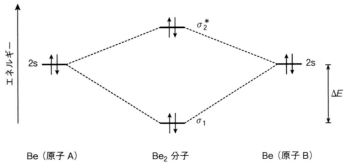

図 3.25　Be$_2$ の MO エネルギー準位図
2p–AO は空であるから無視した.

　　Be$_2$ の結合次数は，σ_1 電子と σ_2 電子の寄与が互いに相殺されるので 0 であると予想される．しかし，σ_1 と σ_2 のエネルギー準位図は対称的でないので，ほんの少しだけ結合性が現れる．二原子分子 Be$_2$ は非常に低温でのみ検出され，その相互作用は**通常**の化学結合に比べると非常に弱い．

3.5.8　Li$_2$ の化学結合

　　二原子分子 Li$_2$ は気体状態で存在することが知られている．リチウム原子の電子配置は $[\mathrm{He}]\,2s^1$ であるから，2 個の原子価電子がエネルギー準位図に配置される（図 3.26）．2 個の電子は σ_1 に入るから結合次数は 1 である．したがって，分子はふつうの分子のように反磁性であると予想できる．

　　気体状態での Li$_2$ の結合エネルギーは 101 kJ mol^{-1} であり，H$_2$ の結合エネルギー 432 kJ mol^{-1} に比べて非常に小さい．Li$_2$ の結合長（267.3 pm）は，H$_2$ の結合長（74.1 pm）に比べて非常に長い．Li–Li の結合長が長い理由の一つは，1s 電子対間の反発である．しかし MO 理論から，Li$_2$ が 2 個の Li 原子よりも安定であることがわかる．実際には，多くのリチウム原子が集まって，

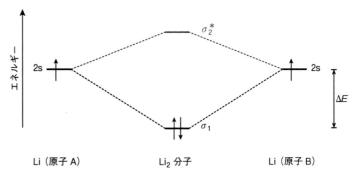

図 3.26　Li$_2$ の MO エネルギー準位図
2p–AO は空であるから無視した.

もっと安定な化学結合を形成し，固体のリチウム金属となる.

3.6　結合長と結合次数，結合の強さ

表 3.1 に，第 2 周期の二原子分子の結合長と結合次数と結合エネルギーを
まとめた．比較のために，He_2 と H_2 およびそれらのイオンのデータも載せて
いる.

結合次数が大きくなれば結合は強くなる傾向がある．結合のタイプ[†4] が違
うと重なりの大きさも異なり，そのため結合の強さが変わることと，分子全体
の結合エネルギーはいろいろなタイプの結合エネルギー成分から成り立ってい
ることである（たとえば O_2 について考えてみよ）．さらに，電子間反発は結
合を弱める働きをする．とくに F_2 のような分子でみられる.

結合長：化学結合における二
つの原子の中心間距離.

†4 訳者注：σ 結合とか π 結合，
および結合に関与する原子の
違い.

表 3.1　いくつかの等核二原子分子についての結合次数，結合長，結合エネルギー

分子種	結合次数	結合長 /pm	結合エネルギー /kJ mol^{-1}
H_2^+	½	105	256
H_2	1	74	432
H_2^-	½	–	100 – 200
He_2	0	297	–
Li_2	1	267	101
Be_2	0	–	–
B_2	1	159	289
C_2	2	124	599
N_2	3	110	942
O_2	2	121	493
O_2^+	2½	112	643
O_2^-	1½	135	395
O_2^{2-}	1	149	–
F_2	1	141	155
Ne_2	0	310	–

3.6.1　原子価電子殻の AO エネルギー

Li_2 から N_2 までの MO エネルギー準位図と，O_2, F_2, Ne_2 の MO エネルギー
準位図では，エネルギー準位の順序が異なる．前者では，σ_3 は π-MO の上に
ある．図 3.27 に示した第 2 周期の原子の 2s と 2p の軌道エネルギーの図から，
2s と 2p のエネルギーは，左側の元素では差が非常に小さいが，右側にいくに
つれて差は広がっていく．これは右へいくほど 2s 準位の下がり方が 2p 準位
の下がり方よりも大きくなるからである（2.4 節参照）.

エネルギー準位が混じり合う度合いを決める因子の一つはエネルギー差であ
る．オービタルのエネルギー差が小さいときには，二つのオービタルはよく混

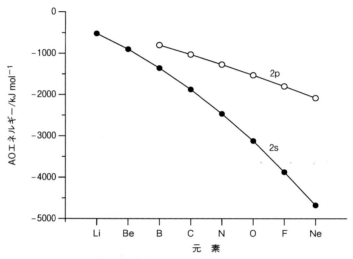

図 3.27　第 2 周期の原子の 2s と 2p の AO エネルギー

じり合う．図 3.27 から，左側の原子については 2s と 2p のエネルギー差が小さいことがわかる．実際，Li から N までの原子ではその差は 1200 kJ mol^{-1} より小さいが，O，F，Ne ではその差は約 1600 kJ mol^{-1} かそれ以上である．これらのエネルギー差から，Li から N までの原子では 2s と 2p の混合により MO エネルギー準位の順序に大きく影響を与える（σ_3 は π–MO の上になる）が，O，F，Ne では MO エネルギー準位の順序への影響は無視できる．

3.7　異核二原子分子

前節まで述べてきた等核二原子分子の原理は，異核二原子分子にも適用できる．両者のおもな違いは，異核二原子分子では，それぞれの原子の AO が重なることで結合性と反結合性の組合せをつくる二つの AO のエネルギーが同じではないことである．このことから，エネルギー準位図は非対称になる．

重なり合う二つの AO が同種の原子の AO であれば，AO エネルギーは同じである．この場合には〔図 3.28 (a)〕，重なりが最大のところで，共有結合エネルギーの尺度である ΔE_{cov} が最大になる．一方の原子の電気陰性度が他方の原子の電気陰性度より大きい場合には，AO エネルギーが違うので，等核二原子分子よりも AO の重なりが小さくなる．そのため ΔE_{cov} が小さくなる．

2 個の原子核が違う場合は化学結合は弱いということではない．確かに<u>共有結合性</u>は小さくなるが，<u>イオン</u>結合性がでてくる．イオン結合のエネルギーは一般に<u>非常に大きい</u>．結合のイオン性が大きい場合を考えてみよう．これは AO の重なりが図 3.28 (c) の場合に当たる．

AO エネルギーが大きく違う場合は，結合性 MO はエネルギーが低い方の

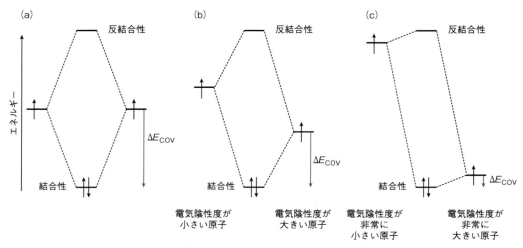

図 3.28 エネルギーが同じ二つの AO の重なり（a）と，エネルギー
が違う二つの AO の重なり（b），（c）
(b) の場合は，一方の原子は他方の原子よりも電気的に陰性である．
一方，(c) の場合は，電気陰性度の差がさらに大きくなっている．

AO によく似ており，エネルギーもそれに近い．一方，反結合性 MO はエネル
ギーの高い方の AO によく似ており，エネルギーもそれに近い．このことから
結合性 MO は，エネルギーの低い AO が少し変形したものだということがで
きる．また反結合性 MO は，エネルギーが高い方の AO が少し変形したもの
といえる．

　図 3.28（c）の図のように，2 個の原子の電気陰性度の差が非常に大きい場
合は，結合性 MO は，電気陰性度の大きい方の原子の AO がわずかに変化し
た程度のものである．この場合，オービタル混合が起こる前の二つの構成 AO
に電子が 1 個ずつ配置されていれば，電気的に陽性な原子から電気陰性度の
大きい原子の方へ電子がほぼ 1 個移ることになる．そしてイオン対をつくる
ことになり，AO の重なりによる共有結合性は非常に小さくなる．全結合エネ
ルギーは，共有結合とイオン結合の混じり合ったものとして表される〔式
(3.13)〕．

　　　　全結合エネルギー ＝ 共有結合の寄与 ＋ イオン結合の寄与　　　　(3.13)

　多くの場合，イオン結合の寄与は非常に大きい．ナトリウムと塩素からつく
られるイオン対の生成がこれに当たる．

　ルイスの表記法では，ナトリウム原子から塩素原子へ電子が 1 個まるまる
移ることを示している．しかし，MO 図〔図 3.28 (c)〕では，ごくわずかで
あるけれども，共有結合性が残っていることを示唆している．

　2 個の原子の電気陰性度の差が小さいときには，結合エネルギーに対する共

Na・ + :C̈l・ → Na⁺ + :C̈l:

δ+ 　　 δ−
A ——— B

有結合の寄与が大きく，イオン結合の寄与は小さい．すべての化学結合について，共有結合とイオン結合の寄与の度合いをまとめると，結合の性質は，100%共有結合から100%イオン結合までの**幅広い範囲**にわたっている．

3.7.1　フッ化水素（HF）

フッ化水素のエネルギー準位図を描くためには，原子価AO，すなわち水素の1s-AOとフッ素の2s-AOと2p-AOの相対的なエネルギーについて知る必要がある．これらを近似的に示すと，図3.29のようになる．

水素の1s準位の位置は，フッ素の2pの少し上にあるが，2sよりもはるかに高いところにある．すなわち水素の1sとフッ素の2sのエネルギー差は非常に大きく，両者の相互作用は小さい．そのため対称性から1sと2sとの相互作用は許されるけれども，それを無視する．しかしながら，水素の1sとフッ素の$2p_z$は，エネルギー差が小さく，対称性（σ対称）から相互作用も許されるので混じり合う．その結果，結合性MOと反結合性MOができる．フッ素の$2p_x$と$2p_y$は水素の1sとは対称性が違うために相互作用しない．

前に述べた議論から，反結合性σ^*-MOはほぼ水素の1sである．これに対し，結合性σ-MOはほぼフッ素の$2p_z$である．水素原子からフッ素原子へかなりの量の電子密度が移る．この結果，分子内では電荷の不均衡が起こり，水素側ではかなりの正電荷，フッ素側ではかなりの負電荷をもつことになる．ただし，2s，$2p_x$，$2p_y$はすべて非結合性である．2sの場合は，水素原子の1sとはエネルギー的に非常に離れているからであり，$2p_x$と$2p_y$は，対称性から1sとは相互作用しないからである．図3.29中，非結合は非結合性MOである．

図3.29を描くにあたって，いくつか勝手な簡略化をした．フッ素の2sはフッ

$$\underset{H}{\overset{\delta+}{}} \underset{F}{\overset{\delta-}{}} \equiv \underset{H}{} \underset{F}{} \longrightarrow$$

HF分子では，フッ素原子が負の部分電荷をもち，水素原子が正の部分電荷をもっていることを示すための二通りの方法．

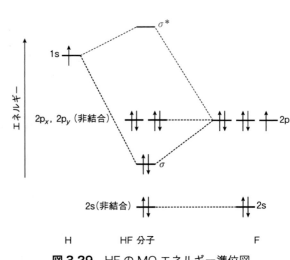

図3.29　HFのMOエネルギー準位図

素の$2p_z$と少し混じる（混成，第5章参照）ことから，2sは少しだけであるけれども結合に関与している．また，HFにおける非結合性のπ-MO（フッ素の$2p_x$と$2p_y$）のエネルギーは正確にいえば，フッ素のAOエネルギーとは少し違う．分子内の環境と原子の環境が少し違うからである．

3.7.2 CO, CN⁻, NO⁺

電子配置をみると，炭素原子［He］$2s^2 2p^2$は原子価電子を4個もち，酸素原子[He]$2s^2 2p^4$は原子価電子を6個もっている．したがってCOのエネルギー準位図には，計10個の原子価電子を配置していかねばならない．その際には炭素も酸素もともに2sと2pに電子をもっている．第2周期の左の方の原子からなる等核二原子分子について用いたエネルギー準位図（図3.22，N₂）を使うのがよい．エネルギー準位図の形は図3.30のようになる．

酸素の2sと2pは，炭素の2sと2pよりもエネルギーが低い（図3.27）．これは酸素の有効核電荷が大きいからであり，酸素のAOを縮め，エネルギーを低下させる．したがって，エネルギー準位図の形は少し非対称となる．しかしエネルギー準位の順序は，N₂のエネルギー準位図での順序と同じで，10電子系である．つまり，N₂とCOは電子配置の相似性から**等電子的**(isoelectronic)である．これらの二つの分子と等電子的であるほかの二原子分子として，CN⁻とNO⁺がある．これら二つの分子に対しても同じ順序でMOが並んだエネル

等電子：異なった分子が同じ原子価電子と原子の結びつきをもっているが，分子中に異なった元素が少なくとも一つあるならば，これらは等電子的である．

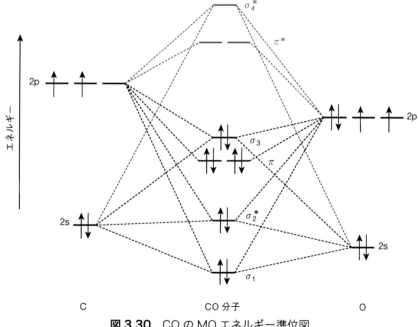

図3.30 CO の MO エネルギー準位図

ギー準位図を使うことができる. N_2, CO, CN^-, NO^+ の違いは, エネルギー準位における絶対値が違うだけである.

　CO の化学結合を詳しく調べてみると, σ_3 の大部分は炭素原子に局在した孤立電子対の MO に対応することがわかる. σ_2 はほとんど酸素に局在する孤立電子対の MO で, σ_1 は C−O の σ 結合である. π^*-MO には電子が入っていない. CO の配位化学の観点から, 空の π^*-MO と電子が入っている σ_3 がとくに重要である. というのは, これらの MO が d-ブロックの金属原子のいろいろな AO と結合性相互作用をするからである.

3.8　まとめ

- 隣接する二つの原子において, それら AO の対称性が同じときには相互作用して, 結合性の組合せの MO と反結合性の組合せの MO を形成する.
- 結合軸の方向からみて, 円柱対称性にみえる MO を σ-MO とよぶ.
- 隣接する二つの原子において, s-AO が組み合わさって, σ-MO と σ^*-MO が形成する (*は反結合性を表す).
- 隣接する二つの原子において, p-AO が側面で組み合わさって, π-MO と π^*-MO が形成する.
- 結合次数は結合性 MO の電子数から反結合性 MO の電子数を引いて2で割った数である.
- 等核二原子分子の MO エネルギー準位図は対称であるが, 異核二原子分子の MO エネルギー準位図は非対称である. これは, より電気陰性度の大きな原子のエネルギー準位がより低いからである.

3.9　演習問題

1. He_2^+ の結合長は 105 pm である. この分子種のエネルギー準位図を描き, 結合次数を計算せよ.

2. 次の分子種において, MO モデルに基づいてエネルギー準位図を描き, 結合を記述せよ.
   a. 二原子分子 LiH の結合を記述せよ.
   b. OH^- と OH^+ の結合を記述せよ.
   c. O_2^+, O_2^-, O_2^{2-} の結合を記述せよ. それぞれの結合次数を計算せよ.

3. Li_2 から Ne_2 までの二原子分子について, それぞれの一価陽イオンと一価陰イオンを書き, 中性の場合に比べて結合次数が大きくなるのはどれか調べよ.

4

分子の構造：VSEPR 法

4.1　はじめに

　分子について知りたい重要な情報の一つはその形である．化学反応を理解するためにも，分子の形を知ることは非常に重要である．したがって，化合物の立体構造を予測するための簡単な方法を身につけることが望ましい．典型元素の化合物については，そのような予測ツールとして**原子価殻電子対反発**(valence shell electron pair repulsion；VSEPR) 法があり，手軽な予測法としてはこれに勝るものはない．典型元素の化合物の形を予測する場合には，電子を数える簡単な規則を使うだけなので，実に簡便な方法である．この方法は，有機分子にも無機分子と同様に適用できる．ここで述べるように，この方法に必要な仮定と単純化を使えば，結合を記述するのにあまり時間はかからない．しかも，分子の形を予測するのに十分である．

　VSEPR 法はルイスのドット構造を基本としており，VSEPR 法では化学結合を非常に簡単に描くことができる．けれども，ほとんどの場合に分子の正しい立体構造を予測でき，例外はきわめて特別の場合だけである．本来，分子の立体構造を完全に知るためには，原子核間反発や原子核と電子との引力，電子間反発などについての知識が必要である．ところが，次に述べる VSEPR 法では，分子の立体構造は電子間反発だけで決まるものと仮定する．

VSEPR(valence shell electron pair repulsion)：原子価殻電子対反発.

4.2　VSEPR 法

　VSEPR 法を上手に適用するためには，いくつかの情報が必要となる．まず第一に，分子内での原子のつながり方を前もって知らねばならない．つまり，原子がどのようにどの順序で結合しているかを知る必要がある．たとえば，実験式が C_2H_6O であるとわかっていても，CH_3OCH_3 と C_2H_5OH のどちらなのかを知っておく必要がある．また，分子のルイス式を書き下す必要がある．ただし，ときには簡略化したルイス式を使うこともできる．

　VSEPR 法では，次のような仮定をする．

共有電子対：bp と略される.

● 分子内の原子は電子対を共有して結合する．これらの電子を**共有電子対**（bonding pair）とよぶ．原子が二組以上の共有電子対を共有して結合することもある（多重結合）．

孤立電子対：lp と略される.

● 分子内のいくつかの原子は，結合に関与しない電子対をもつことがある．これらの電子対を**孤立電子対**（lone pair）または**非共有電子対**（non-bonded pair）とよぶ．

● 分子内のどの原子も，その原子のまわりの共有電子対と孤立電子対の位置は，電子対間の反発が最小になるように決まる．その理由は簡単である．電子対は負の電荷をもっている．したがって，互いになるべく離れようとするのである．

● 孤立電子対は共有電子対よりも大きな空間を必要とする．

● 二重結合は単結合よりも大きな空間を必要とする．

表 4.1　VSEPR パラメータ

電子対の数	立体構造
2	直線
3	三方平面形
4	正四面体
5	三方両錐体
6	正八面体

問題にしている原子をとりまくいくつかの電子対を最も都合のよく配置するには（表 4.1），立体的に組み立ててみるとよい．つまり，問題にしている原子の原子核を球の中心に置き，球の表面上に電子対を並べて電子対が互いになるべく離れるように空間配置すればよいのである．得られる空間配置は，たいてい直感的なものと同じである．

電子対が二組の場合（図 4.1），その空間配置は簡単で，電子対が原子核をはさんで直線上に配置されるときが最もエネルギーの低い配置となる．この空間配置では，電子対−原子核−電子対の角度は 180° となる．したがって，分

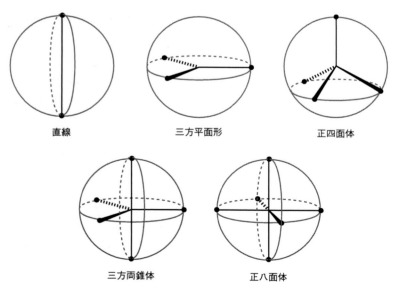

直線　　　　　三方平面形　　　　　正四面体

三方両錐体　　　　　正八面体

図 4.1　球の表面への二組から六組の電子対の配置
おのおののドットは電子対を表す.

子の構造は<u>直線</u>である．

　電子対が三組の場合では，原子核は<u>三方平面形</u>をつくる．三組の電子対と原子核は結合角 120° で平面上に位置する．

　電子対が四組の場合では，正方形の構造が最も都合がよさそうに思える．ところが，正方形は角度が 90° であるのに対し，正四面体では 109.5° となる．これを図示するために電子対を点で描き，原子核との間に結合線のような線を引くと，電子対が互いに最も離れる空間配置は正方形ではなく，正四面体であることがよくわかる．すなわち，正方形構造では電子対間の反発が大きいので，<u>正四面体構造</u>をとる．

　電子対が五組の場合はもっと複雑である．五組の電子対で定められるほとんどの分子で支持される形は，**三方両錐体**（trigonal bipyramid）である．三方両錐体にも，**アキシアル**（axial）と**エクアトリアル**（equatorial）という二つの型がある．これらの二つの立体構造は化学的にも異なっている．これ以外に，**四角錐**（square-based pyramid）構造という有力候補もある．この構造は，正八面体構造から頂点が 1 個取れたものであり，隣接する四組の電子対は，抜けたところの空孔を一部分共有するために少し下方に移動する．実際には，この構造は三方両錐体に比べると，エネルギー的に少し不利であるけれども，四角錐は三方両錐体におけるアキシアルとエクアトリアルの相互変換で非常に重要になる構造である．電子対が五組を基本とした形の典型元素の多くの分子は，三方両錐体をとっている．

　電子対が六組の場合は何といっても<u>正八面体</u>構造が最も重要である．別の構造である三角プリズム形をもつ典型元素の化合物はほとんど存在しない．正八面体の六つの位置はすべて同じ環境にある．

　VSEPR 法の計算では，単結合はつねに σ 結合と見なす．二重結合はいつでも $(\sigma + \pi)$ 結合と見なし，三重結合は $(\sigma + 2\pi)$ 結合と考える．第 6 章で学ぶ MO 法（molecular orbital method）からみれば，いくつかの二重結合は通常の二重結合と異なることがわかっているが，ここではこのような単純化をする．ただし，二重結合も三重結合も単結合と共通の**配位頂点**（coordination vertex）を<u>占める</u>とする．多面体の**頂点**（vertex）は，それぞれ σ 結合（π 結合と一緒にまとめられた σ 結合もある）または σ 対称性をもつ孤立電子対によって占められる．それ以外の頂点は存在しない．つまり，分子の形は σ 結合の骨格のみで表される．分子の構造を決定するためには，σ 結合に含まれる電子の数を計算するだけでよい．π 結合の電子を無視するわけではないが，σ 結合の電子とまぜこぜにしないために考慮しない．分子の構造を決定すると σ 軌道の電子の数をより簡単に計算できる．この電子数は次のことからわかる．

三方両錐体の構造（a：アキシアル，e：エクアトリアルを表す）．

一つの配位頂点は単結合（2 電子），二重結合（4 電子），もしくは三重結合（6 電子）からなる．

- 問題にしている原子の原子価電子
- 結合している原子からの寄与（σ 結合と π 結合をとおして）
- 電荷の寄与（正電荷あるいは負電荷）

次の手順は，これしかないというわけではないが，これだけで問題はない．

(1) 中心原子を見極め，その原子価電子の数を決める．
(2) 問題にしている原子に結合しているすべての原子または官能基について，<u>単結合</u>で結合しているのか，<u>二重結合</u>で結合しているのか，または<u>三重結合</u>で結合しているのかを決め，簡単なルイス式を書く．これは最良のルイス式である必要はないが，つねに役に立つ．孤立電子対を書く必要はないが，計算には孤立電子対も含める．中心原子と単結合している官能基（表 4.2）はすべて共有結合をしているものとする．ただし，あとで議論する供与結合グループの場合は例外である．＝O や＝S は，σ 結合 1 本と π 結合 1 本からなる二重結合で中心原子と結合していると考える．両方とも共有結合である．≡N と≡P は，σ 結合 1 本と π 結合 2 本からなる三重結合で中心原子と結合していると考える．それらもすべて共有結合である．
(3) NH₃ のように，オクテット則が満たされているグループは，H₃N → BF₃ における B のような原子に孤立電子対を提供する．σ 結合であるけれども，実は共有する 2 個の電子は N の孤立電子対に由来するものである．そのため，NH₃ のように結合したグループを**供与**（dative）結合性グループという．逆に，H₃N → BF₃ の中心原子として N を考える場合には，BF₃ グループは中心原子（N）と単結合で結合するが，この結合に関与する 2 個の電子は中心原子に由来するものである．すなわちこの場合，中心原子（N）に結合しているグループ（BF₃）からの電子の<u>提供はない</u>．
(4) 立体構造は，σ 結合骨格だけで描く．したがって，中心原子の電子数から π 結合に提供されている電子数を差し引かねばならない．π 結合では，各原子から 1 個ずつ電子が提供されて電子対をつくるので，中心原子がもつ π 結合 1 本当たりについて，それぞれ電子 1 個ずつ差し引く．

中心原子：ほかの原子や複数の原子からなる官能基と結合する配位化合物の中心位置にいる原子．

表 4.2　中心原子との形式的な結合様式の分類

単結合	二重結合	三重結合
F, Cl, Br, I		
OH, SH	＝O, ＝S	
NH₂	＝NH, ＝PH	≡N, ≡P
Me, Ph, SiMe₃	＝CH₂	≡CH
H		
SiMe₃		

（5）VSEPR 計算のため，分子が電荷をもっているときは，たとえあとでその電荷をほかの原子に帰属することになっても，<u>つねにまず中心原子に帰属させる</u>．すなわち，負の電荷をもつときは中心原子の電子数に 1 を加え，正の電荷をもつときは中心原子の電子数から 1 を引く．

（6）σ 結合骨格に関与する電子の総数を 2 で割り，σ 電子対の数とする．次に，その数に基づいて分子の立体構造を決定し，異性体間の違いも決める．

4.3　単結合のみからなる分子

　規則を並び立てると，実際の操作よりもいかめしくみえるものである．したがって，実際にいくつかの具体的な例について計算してみるのがよい．メタンについての計算（表 4.3）では，炭素原子が σ 結合の電子を 8 個もっていることがわかる．つまり，分子の形を決める電子対を四組もっている．その結果，炭素の立体構造は正四面体になる．H−C−H の結合角は理想的な正四面体では 109.5° である．この場合には，炭素原子は 4 個の水素原子と結合し，孤立電子対はない．

　アンモニアの窒素原子は電子対を四組もち，窒素原子は四組の電子対の四面体配置に基づいた<u>立体構造</u>をとる（表 4.4）．窒素原子は 3 個の水素原子と結合するから，孤立電子対を一組もつことになる．分子の<u>形の描画</u>は，孤立電子対を除外して球と線で表現するので，アンモニア分子の形は<u>三方錐体</u>となる．

　共有電子対を考えてみよう．電子対をつくっている電子 2 個は二つの原子核の間に局在して，二つの原子核を引き寄せる．孤立電子対は違う．孤立電子対は一つの原子核だけに<u>くっついていて</u>，共有電子対よりも原子核に近い位置を占める．このため，孤立電子対が張る立体角は共有電子対が張る立体角よりも<u>大きく</u>なる．すなわち，孤立電子対は共有電子対よりも大きな角度空間を張

表 4.3　メタン CH_4 の VSEPR 計算

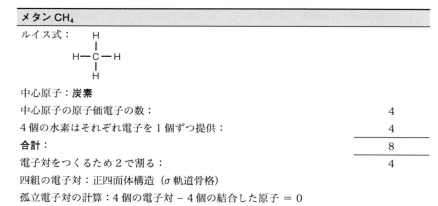

メタン CH_4	
ルイス式：	
中心原子：**炭素**	
中心原子の原子価電子の数：	4
4 個の水素はそれぞれ電子を 1 個ずつ提供：	4
合計：	8
電子対をつくるため 2 で割る：	4
四組の電子対：正四面体構造（σ 軌道骨格）	
孤立電子対の計算：4 個の電子対 − 4 個の結合した原子 = 0	
描画した形：正四面体	

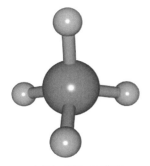

メタン CH_4 の構造
H−C−H の結合角はすべて 109.5° である．

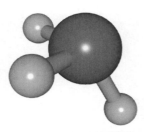

アンモニア NH₃ の構造

孤立電子対（表記していない）
はこの図の右上にある．
H−N−H の結合角は，すべて
106.6°である．

表 4.4　アンモニア NH₃ の VSEPR 計算

アンモニア NH₃	
ルイス式：H－N－H 　　　　　　 | 　　　　　　 H	
中心原子：**窒素**	
中心原子の原子価電子の数：	5
3 個の水素はそれぞれ電子を 1 個ずつ提供：	3
合計：	8
電子対をつくるため 2 で割る：	4
四組の電子対：正四面体構造（σ 軌道骨格）	
孤立電子対の計算：4 個の電子対 − 3 個の結合した原子 ＝ 1	
描画した形：三方錐体	

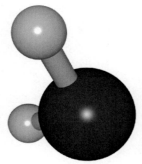

水 H₂O の構造

H−O−H の結合角は 104.5°で
ある．

表 4.5　水 H₂O の VSEPR 計算

水 H₂O	
ルイス式：H ── O ── H	
中心原子：**酸素**	
中心原子の原子価電子の数：	6
2 個の水素はそれぞれ電子を 1 個ずつ提供：	2
合計：	8
電子対をつくるため 2 で割る：	4
四組の電子対：正四面体構造（σ 軌道骨格）	
孤立電子対の計算：4 個の電子対 − 2 個の結合した原子 ＝ 2	
描画した形：屈曲形	

ろうとする．この結果，アンモニア分子では，孤立電子対は 3 本の N−H 結合からなる三つの結合対と反発し，H−N−H 結合角は正四面体角 109.5° よりも少し小さくなって 106.6° となる．

　H₂O（表 4.5）の酸素原子は電子対を四組もっている．酸素原子は，四組の電子対による四面体配置に基づいた立体構造をとる．酸素原子は，結合する相手が水素原子 2 個だけであるから，孤立電子対を二組もつことになる．H₂O の形は，これらの結合に基づき，屈曲形になる．また，二組の孤立電子対が H−O−H 結合角を圧迫するため，正四面体角よりも小さな角度，104.5° となる．

　三フッ化ホウ素（表 4.6）のホウ素原子は 6 個の原子価電子を共有している．この分子のホウ素原子は第 2 周期に属しながら，オクテット則（八電子則あるいは八隅子則）に従わない数少ない共有結合分子の一つである．ホウ素は 3 個のフッ素原子と結合しているが，孤立電子対はもっていない．6 個の電子は三組の電子対に相当するので，ホウ素原子のまわりに三方平面構造をとる．したがって，BF₃ の形も三方平面形である．

表 4.6 三フッ化ホウ素 BF$_3$ の VSEPR 計算

三フッ化ホウ素 BF$_3$	
ルイス式：F ━ B ━ F 　　　　　　| 　　　　　　F	
中心原子：**ホウ素**	
中心原子の原子価電子の数：	3
3 個のフッ素はそれぞれ電子を 1 個ずつ提供：	3
合計：	6
電子対をつくるため 2 で割る：	3
三組の電子対：三方平面構造（σ 軌道骨格）	
孤立電子対の計算：3 個の電子対 − 3 個の結合した原子 ＝ 0	
描画した形：三方平面形	

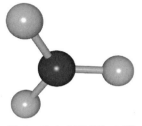

三フッ化ホウ素 BF$_3$ の構造
F−B−F の結合角は 120° である．

BF$_3$ がルイスのオクテット則に従うためには電子が 2 個足りないので，孤立電子対をもつ分子と特異的に反応する．電子対を受け入れる BF$_3$ は<u>ルイス酸</u>であり，たとえば NH$_3$ のように，電子対を供与するものは<u>ルイス塩基</u>である．NH$_3$ と BF$_3$ の反応の生成物は H$_3$N → BF$_3$ と書くことがある（1.3 節）．注目すべき原子は，N と B の二つである．中心原子を 2 個以上もつほかの分子についても，<u>それぞれの中心原子について計算を実行しなければならない</u>（表 4.7 参照）．

BF$_3$NH$_3$ において，電荷を分離した表記法では，N 上に正の電荷を置き，B 上に負の電荷を置く．この場合は，それぞれの原子についてオクテット則が満たされている．したがって，BN 結合をほかの単結合と区別するために矢印を使う必要はない．この構造式の描き方のよいところは，供与結合がほかの単結合と違うという印象を取り除くことにある．VSEPR 法の計算結果は，いずれの表現にもピッタリと合っている（表 4.7）．

六フッ化リン酸イオン［PF$_6$］$^-$ の場合は，リン原子はフッ素原子 6 個と結合していて，孤立電子対はもっていない．この陰イオン（アニオン）は合成実験で有用である．かさ高い陽イオン（カチオン）と大きさが合うので，その結晶化に使われるのである．計算のために，負の電荷はリン原子の上に置く．しかし実際には，この負の電荷（表 4.8）はこのイオンに含まれる 7 個の原子全体にわたって広がっている．

テトラフェニルヒ素イオンでは，ヒ素原子は 4 個のフェニル基と σ 結合しているので，計算（表 4.9）から中心原子には孤立電子対がないことが予測できる．テトラフェニルヒ素イオンもまた合成実験で有用である．かさ高い陰イオンと大きさが合うので，その結晶化を助けるのである．正の電荷は，実際にはこのイオン全体にわたって広がっているが，計算ではヒ素の上に置くことに

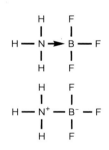

VSEPR 計算のために，まず，中心原子上に正電荷もしくは負電荷を置く．

H₃N → BF₃ の球，棒モデル

表 4.7 H₃N → BF₃，アンモニア-三フッ化ホウ素供与体の VSEPR 計算

H₃N → BF₃	
ルイス式：	

H   F

H─N─→B─F

H   F

中心原子：**ホウ素**	
中心原子の原子価電子の数：	3
3 個のフッ素はそれぞれ電子を 1 個ずつ提供：	3
NH₃ は供与結合に電子を 2 個提供：	2
合計：	8
電子対をつくるため 2 で割る：	4
四組の電子対：ホウ素のまわりは四面体構造（σ 軌道骨格）	
孤立電子対の計算：4 個の電子対 − 4 個の結合した原子 ＝ 0	
中心原子：**窒素**	
中心原子の原子価電子の数：	5
3 個の水素はそれぞれ電子を 1 個ずつ提供：	3
BF₃ は供与結合に電子を 0 個提供：	0
合計：	8
電子対をつくるために 2 で割る：	4
四組の電子対：窒素のまわりは四面体構造（σ 軌道骨格）	
孤立電子対の計算：4 個の電子対 − 4 個の結合した原子 ＝ 0	

表 4.8 六フッ化リン酸イオン ［PF₆］⁻ の VSEPR 計算

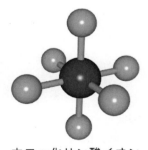

六フッ化リン酸イオン
［PF₆］⁻の構造
F−P−F の結合角はすべて
90°である．

六フッ化リン酸イオン ［PF₆］⁻	
ルイス式：	

F

F F

P

F F

F

中心原子：**リン**	
中心原子の原子価電子の数：	5
6 個のフッ素はそれぞれ電子を 1 個ずつ提供：	6
P は負の電荷をもっているので 1 を加える：	1
合計：	12
電子対をつくるため 2 で割る：	6
六組の電子対：正八面体構造（σ 軌道骨格）	
孤立電子対の計算：6 個の電子対 − 6 個の結合した原子 ＝ 0	
描画した形：正八面体	

表 4.9 テトラフェニルヒ素イオン［AsPh₄］⁺の VSEPR 計算

テトラフェニルヒ素イオン［AsPh₄］⁺	
ルイス式：	

$$
\begin{array}{ccc}
 & \text{Ph} & \\
 & | & \\
\text{Ph} - & \overset{+}{\text{As}} & - \text{Ph} \\
 & | & \\
 & \text{Ph} &
\end{array}
$$

中心原子：**ヒ素**	
中心原子の原子価電子の数：	5
4 個のフェニル基はそれぞれ電子を 1 個ずつ提供：	4
As は正の電荷をもっているので 1 を差し引く：	−1
合計：	8
電子対をつくるため 2 で割る：	4
四組の電子対：正四面体構造（σ 軌道骨格）	
孤立電子対の計算：4 個の電子対 − 4 個の結合した原子 = 0	
描画した形：正四面体	

テトラフェニルヒ素イオ ン［AsPh₄］⁺の構造
結合しているフェニル基の炭素原子のみを示している. C−As−C の結合角はすべて 109.5°である.

表 4.10 三フッ化塩素 ClF₃ の VSEPR 計算

三フッ化塩素 ClF₃	
ルイス式：F — Cl — F	
(下に) F	

中心原子：**塩素**	
中心原子の原子価電子の数：	7
3 個のフッ素はそれぞれ電子を 1 個ずつ提供：	3
合計：	10
電子対をつくるため 2 で割る：	5
五組の電子対：三方両錐体構造（σ 軌道骨格）	
孤立電子対の計算：5 個の電子対 − 3 個の結合した原子 = 2	
描画した形：T 字型（本文参照）	

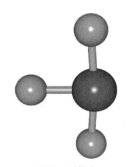

ClF₃ の構造
二つの小さい F−Cl−F 角は 87°で，大きいものは 175°である.

留意しよう.

　ClF₃ は興味深い例の一つである．計算（表 4.10）では塩素原子は五組の電子対をもつことになるので，分子の形は三方両錐体になると予測される．塩素原子は共有電子対を三組と孤立電子対を二組もつことになる.

　興味深い点は孤立電子対の占める場所である．二組の孤立電子対を三方両錐体構造に配置する場合，次の三通りが可能である（表 4.11 参照）．これらの三つの構造は，それぞれ主軸上に 0 組，一組，二組の孤立電子対をもっている．VSEPR 法の価値を高めるためには，どれが正しい構造かを予測しなければならない．この問題に挑戦するためには，いろいろな種類の電子対間反発の相対的な大きさを知らねばならない．ここでは，次の三種類の反発がある.

表4.11 ClF$_3$での電子対間の反発相互作用

構造	a	b	c

90°	2 bp-bp	2 bp-bp	6 lp-bp
	4 lp-bp	3 lp-bp	
		1 lp-lp	
120°	1 lp-lp	1 bp-bp	3 bp-bp
	2 lp-bp	2 lp-bp	
180°	1 bp-bp	1 lp-bp	1 lp-lp

表4.12 ClF$_3$における90°以上の電子間反発を無視し，三つのlp-bp反発相互作用を差し引いたあとの電子間反発

構造	a	b	c
90°	2 bp-bp	2 bp-bp	3 lp-bp
	1 lp-bp	1 lp-lp	

孤立電子対 ⟷ 孤立電子対 （lp-lp）

孤立電子対 ⟷ 共有電子対 （lp-bp）

共有電子対 ⟷ 共有電子対 （bp-bp）

　孤立電子対（lp；lone pair）は**共有電子対**（bp；bonding pair）よりも大きな角度空間を張り，原子核の近くに局在している．このことから，二組の孤立電子対間の反発は二組の共有電子対間の反発よりも<u>大きくなる</u>ことがわかる．孤立電子対と共有電子対との反発の大きさはこれらの中間になる．電子対間の反発が最も小さい構造が分子の安定構造になる．すなわち，ClF$_3$についての三つの構造を比較することは，三つの構造についてそれぞれの電子対間反発を比較することである．三方両錐体構造では，90°での反発が六通り，120°での反発が三通り，180°での反発が一通りある．異性体a，b，cについて，電子対間反発を表4.11にまとめた．

　第1近似として，90°より大きい場合の電子対間反発はすべて無視する．120°と180°の場合の電子対間の距離は90°の場合に比べて大きいので，反発は小さくなるからである．したがって，考察しなければならないのは六つの反発だけになる．表4.11の90°の欄に記載されている反発を点検すると，どの構造もlp-bp反発を最低三つずつ含んでいる．したがって，これらは共通の寄与をして**打ち消し合う**ので，残りの反発三つだけを考えればよい（表4.12）．構造aと構造bを考えてみよう．aの場合はbp-bp反発が二つと，lp-bp反発が一つ，bの場合はbp-bp反発が二つと，lp-lp反発が一つある．二つの

bp–bp 反発は**打ち消し合う**ので，lp–bp と lp–lp 反発とを比べればよい．lp–lp 反発のほうが lp–bp 反発より大きいので，結論として構造 a は構造 b よりも安定である．

　構造 a と構造 c を考えてみよう．この場合は ［lp–bp 反発一つ ＋ bp–bp 反発二つ］と，lp–bp 反発三つを比較すればよい．lp–bp 反発はそれぞれ**打ち消し合う**ので，残る bp–bp 反発二つと lp–bp 反発二つの比較になる．bp–bp 反発は lp–bp 反発よりも小さいので，構造 a は構造 c より安定である．

　構造 a は構造 b，構造 c の両方よりも安定であるので，構造 a が最も安定である．ClF_3 の形は五つの電子対を配置した三方両錐体であるが，みえている分子の形（孤立電子対を除いた結合のみからなる分子の形）は**T字**となり，実際にそのとおりである．二組の孤立電子対はエクアトリアルになっている．

　孤立電子対は，共有電子対より少し大きめの角度空間を張るので，3本の Cl−F 結合は孤立電子対の空間をつくるために少し圧迫される．その結果，三方両錐体構造は少し変形して，F_a−Cl−F_e 結合角（87°）は 90° より小さくなり，F_a−Cl−F_a 結合角（175°）は 180° より小さくなる．

　三フッ化塩素，ClF_3 は三方両錐体 EX_3 化合物の一例である．一つ（EX_4），二つ（EX_3），三つ（EX_2）の孤立電子対をもつ三方両錐体構造の化合物では，すべて孤立電子対はエクアトリアル位置をとる．

4.4　多重結合をもつ分子

　VSEPR 法では，注目する原子が隣接した原子と多重結合している化合物の構造を予想できる．そのキーポイントは，二重結合もしくは三重結合はたった一つの頂点を占有し，したがって π 結合している中心原子の電子は総電子数から排除するということである．二重結合では，周辺の原子は σ 結合に電子 1 個を中心金属に提供するが，中心原子は σ 骨格に π 結合で電子 1 個を逆に提供して電子 1 個を失うことになる．

　プロペンの計算（表 4.13）では，やはり中心の炭素原子上には孤立電子対がないと予測される．この分子は，二重結合をもつ分子として VSEPR 法のよい例である．VSEPR 法は，無機化合物と同じく有機化合物についても有用である．二重結合に含まれる π 電子は，単純な単結合よりも少し大きな角度空間を張るので，Me−CH＝CH_2 結合角[†1]（124.8°）は理想的な角度 120° よりも少し大きくなっている．

†1 訳者注：この分子の C−C＝C 結合角のこと．

　SF_3N の中心原子は硫黄，S で，SF_3N は末端に ≡N と表されるニトリド基をもつ．≡N のように三重結合した官能基では，σ 結合 1 本で+1，π 結合 2 本で−2 と計算するので，正味の効果は−1 となる．二重結合の場合と同じように，S≡N 結合は単結合よりも大きな角度空間を張る．その結果として，$F_3S≡N$ の F−S−F 結合角は圧迫されて，正四面体の結合角よりも少し小さくなる．

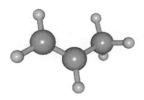

プロペン MeCH＝CH₂
の構造
C−C＝C の結合角は約 125°
で，二重結合が少し大きな角
度空間を張っていることを反
映している．

表 4.13　MeCH＝CH₂ の VSEPR 計算

プロペン（メチルエチレン）MeCH＝CH₂	
ルイス式：　　　　　　CH_2 　　　　　　　　　‖ 　　　　　Me — C — H	
中心原子：**炭素**（MeCH＝CH₂）	
中心原子の原子価電子の数：	4
メチル基は電子 1 個を提供：	1
水素 1 個が電子 1 個を提供：	1
＝CH₂ 基 1 個が σ 結合に電子 1 個ずつ提供：	1
C は π 結合に電子 1 個使っているのでそれを差し引く：	−1
合計：	6
電子対をつくるため 2 で割る：	3
三組の電子対：三方平面形構造（σ 軌道骨格）	
孤立電子対の計算：3 個の電子対 − 3 個の結合した原子 ＝ 0	
描画した形：三方平面形	

表 4.14　F₃S≡N の VSEPR 計算

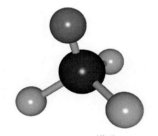

F₃S≡N の構造
F−S−F の結合角は約 94° で
ある．

トリフルオロチオニトリル F₃S≡N	
ルイス式：　　　　　N 　　　　　　　　‖‖‖ 　　　　　F — S — F 　　　　　　　　| 　　　　　　　　F	
中心原子：**硫黄**	
中心原子の原子価電子の数：	6
3 個のフッ素はそれぞれ電子を 1 個ずつ提供：	3
端の窒素は σ 結合に電子を 1 個ずつ提供：	1
S は 2 本の π 結合に電子を 1 個ずつ使っているのでそれを差し引く：	−2
合計：	8
電子対をつくるため 2 で割る：	4
四組の電子対：四面体構造（σ 軌道骨格）	
孤立電子対の計算：4 個の電子対 − 4 個の結合した原子 ＝ 0	
描画した形：四面体	

　過塩素酸イオン，[ClO₄]⁻ の中心原子は塩素であり，計算（表 4.15）によると中心の塩素原子に電荷を置いた状態ではおのおのの末端の酸素は＝O で結合している．末端の酸素原子が形式的にすべて＝O として結合すると仮定すると，正確な立体構造は正四面体であると予測され，塩素原子は合計 **8 本**の結合をもっている．過塩素酸イオンのルイス式（図 4.2）も同様の立体構造であるが，いずれの場合でも負電荷を周囲の原子に置くのでそれは計算には加えない．

$$O \uparrow Cl — O^- \qquad O = Cl — O^-$$

図 4.2　過塩素酸イオンにおける二つのとりうるルイス式

表 4.15　過塩素酸イオン［ClO_4］⁻の VSEPR 計算

過塩素酸イオン［ClO_4］⁻

ルイス式：

$$O = Cl = O$$

中心原子：**塩素**

中心原子の原子価電子の数：	7
4 個の末端の酸素は 4 本の σ 結合にそれぞれ電子を 1 個ずつ提供：	4
Cl は 4 本の π 結合に電子を 1 個ずつ使ってるのでそれを差し引く：	−4
Cl は負の電荷をもっているので 1 を加える：	1
合計：	8
電子対をつくるため 2 で割る：	4

四組の電子対：正四面体構造（σ 軌道骨格）

孤立電子対の計算：4 個の電子対 − 4 個の結合した原子 = 0

描画した形：正四面体

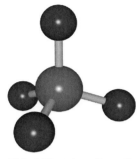

過塩素酸イオン［ClO_4］⁻
の構造

表 4.16　エタノエート（酢酸イオン）［$MeCO_2$］⁻の VSEPR 計算

エタノエート（酢酸イオン）［$MeCO_2$］⁻

ルイス式：

$$Me - C - O^-$$

中心原子：**炭素**

中心原子の原子価電子の数：	4
メチル基は電子を 1 個提供：	1
2 個の末端の酸素は 2 本の σ 結合にそれぞれ電子を 1 個ずつ提供：	2
C は 2 本の π 結合に電子を 1 個ずつ使っているのでそれを差し引く：	−1
合計：	6
電子対をつくるため 2 で割る：	3

三組の電子対：三方平面構造（σ 軌道骨格）

孤立電子対の計算：3 個の電子対 − 3 個の結合した原子 = 0

描画した形：三方平面形

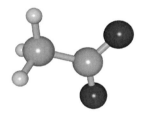

エタノエート（酢酸イオ
ン）［$MeCO_2$］⁻の構造
CO の π 結合の多重結合は単
結合よりも広い空間が必要な
ので，C−C−O 結合角は約
118°である．

　第 1 章で示しているルイス式の描画方法を使って正確につくった構造は，どんなものも本章で取り扱っている VSEPR 法により，立体構造を正しく予想できる．ここには，エタノエート（酢酸イオン）の中心原子である炭素に対して立体構造を予想している（表 4.16）．

　不対電子が存在するときには，ややこしい問題がでてくる．二酸化窒素を例にして，これを示しておこう．二酸化窒素の場合には，電子の数は整数であるが，電子対の数は半整数になる（表 4.17）．どの MO も収容できる電子の数は 1 または 2 のみ（3 ではない）で，2.5 組の電子対を三つの MO に配置しな

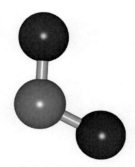

二酸化窒素 NO_2 の構造
$O-N-O$ の結合角は 134° である.

表 4.17　二酸化窒素 NO_2 の VSEPR 計算

二酸化窒素 NO_2	
ルイス構造：$O = N = O$	
中心原子：**窒素**	
中心原子の原子価電子の数：	5
2 個の末端の酸素は 2 本の σ 結合にそれぞれ電子を 1 個ずつ提供：	2
N は 2 本の π 結合に電子を 1 個ずつ使っているのでそれを差し引く：	−2
合計：	5
電子対をつくるため 2 で割る：	2.5
2.5 組の電子対：三方平面形構造（σ 軌道骨格）	
孤立電子対の計算：2.5 個の電子対 − 2 個の結合した原子 = 0.5	
描画した形：屈曲形	

ければならない．したがって，分子の構造は三組の電子対でつくる三方平面形となる．孤立電子対のオービタルには電子が 1 個しか入っていないので，そのスペースは小さい．したがって，$O-N-O$ の結合角（134°）は標準の三方平面形の角度 120° よりも少し開いている．

　NO_2 に電子を 1 個加えると，亜硝酸イオン NO_2^- になる．加わった電子は，電子が 1 個しかなかった孤立電子対のオービタルに入る．その構造は NO_2 と同じで，基本的には中心原子 N の三方平面形である．孤立電子対のオービタルに電子が満たされることで完全な孤立電子対になる．その結果，$O-N-O$ 結合角は圧迫されて 115° になる．

4.5　電子対が六組以上ある場合の VSEPR 法

　七配位の錯体の分子構造を判別するのは骨が折れる．構造としては五方両錐体や，面冠をもつ八面体など，いくつかの可能性がある（図 4.3）．

　七フッ化ヨウ素 IF_7 は五方両錐形の構造をもつ例である．5 個のエクアトリアルの原子と 2 個のアキシアルの原子がある．エクアトリアル位の $F-I-F$

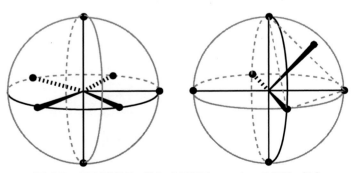

図 4.3　五方両錐体（左）と面冠を一つもつ八面体（右）

の結合角は $72°$ である.

XeF_6 分子の構造は興味深い. VSEPR 法によれば, XeF_6 の Xe 原子は IF_7 の I 原子と同じく七組の電子対をもつことになる. このうち, 六組が共有電子対で残る一組は孤立電子対となる. XeF_6 の実際の構造は, 変形した正八面体ではなく, おそらく**一面冠八面体** (monocapped octahedron) であり, その立体構造は時間とともに**急速に変化する**〔**流動的** (fluxional) な構造である〕. すべてのフッ素原子の位置は平均化される.

さらに多くの電子対をもつ場合はもっと複雑になる. たとえば, 八組の電子対をもつ場合 (例, $[XeF_8]^{2-}$) の理想的な構造は, **正方逆プリズム** (square antiprism) (図 4.4) である. しかし, ほかの立体構造もエネルギー的にほとんど同じか, 場合によってはさらに安定になることもある.

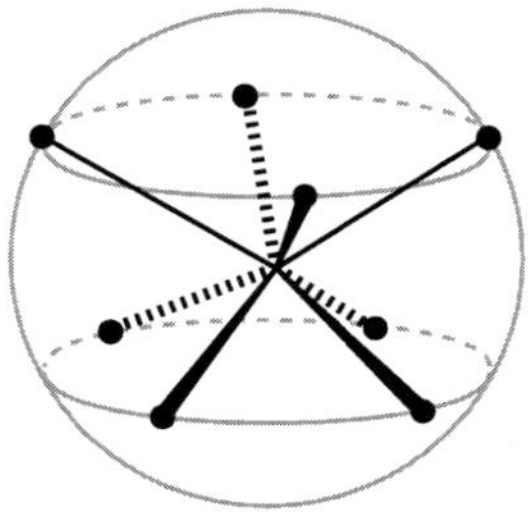

図 4.4 八組の電子対の理想的な正方逆プリズムの配位構造

4.6 d-ブロック金属系化合物

上で述べた方法は, p-ブロック元素 (典型元素) 化合物に対して非常にうまく使えるが, d-ブロック金属元素 (遷移金属元素) 化合物に対してはあまり有用ではない. その理由は d-ブロック金属元素の化合物がもっている孤立電子対が, p-ブロック元素の化合物の孤立電子対のように, きちんとした方向を向いたオービタルではないからである. d-ブロック金属元素の化合物についての電子対の計算は p-ブロック元素化合物の場合とまったく同じであるが, 中心原子の原子価電子の数が, p-ブロック金属元素化合物の中心原子の原子価電子の数に比べてかなり多い. たとえば, 八面体構造をもつ錯体の中心原子の原子価電子数は, 12 から 22 までのいずれかである. 最初の 12 個の電子は 6 個の配位子と結合するのに用いられる. しかし, 13 番目からたぶん 22 番目までの電子は, 第 1 近似として, 錯体の形に何らの影響も及ぼさない. これらの電子は, d-AO に配置されるか, もしくは分子構造の決定に強く影響を与えることのない d-AO に類似した MO に配置される.

多数の電子が含まれているにもかかわらず, 第 1 近似で遷移金属錯体の形を予測するのは, p-ブロック元素の化合物の場合よりもむしろ簡単であるからである. 配位子の数を数え, 金属原子に結合する配位子ができるだけ離れて位置するように置くだけで, 図 4.1, 4.3, および図 4.4 の立体配置で用いているような非常によい結果が得られる. したがって, 配位子が 6 個ある場合は八面体構造になり, 5 個の場合は三方両錐体構造になり, 4 個の場合は四面体構造になる.

もちろん例外もある. d^8 の電子配置で 4 個の配位子と結合している金属をもつ 16 個の原子価電子をもつ化合物は重要なグループである. このような化合物の大部分は, **平面正方形錯体** (square-planar complex) になっている. d^0 の電子配置の金属をもつ ML_6 で表される錯体も興味深い. これらの錯体は

八面体よりも**三角プリズム**（trigonal–prism）構造をとろうとする.

4.7　まとめ

- VSEPR 法には，典型元素からなる化合物に対して，それらのルイス構造をもとにして立体構造や形を簡単に決めることができる.
- 中心原子の共有電子対と孤立電子対は，すべての共有電子対と孤立電子対との間の電子反発を最低にするように空間内に配置される.
- 二重結合，三重結合は一つの頂点のみと結合する.
- 孤立電子対と多重結合は，共有電子対よりも大きな空間を必要とする.
- 三方両錐体構造の化合物の孤立電子対は，つねにエクアトリアルに位置する.
- d–ブロック錯体の立体構造は，たいてい可能な限りそれぞれのグループ（配位子）が遠くなるように配置することで予想できる.

4.8　演習問題

1. 次の化合物の中心原子の立体構造と分子の形を，VSEPR 法を使って予測せよ.
   BeH_2, NH_2^-, $[BeF_4]^{2-}$, $[H_3O]^+$, PCl_3, Me^-, $[NH_4]^+$, IF_5, SF_6, $[GaBr_4]^-$, $[SnPh_3]^-$, $[SbCl_6]^-$, $[AlCl_6]^{3-}$, $SbPh_5$, CO_2, SO_2, SO_3, $SOCl_2$, SO_2Cl_2, O_3, Me_2SO, $[IO_3]^-$, $[IO_4]^-$, $[IO_6]^{5-}$, $[NCS]^-$, $MeCN$, $HCCH$, H_2CCH_2, $[CO_3]^{2-}$, $[NO_3]^-$, $[SO_4]^{2-}$, $[SbO_4]^{3-}$.
   適当な参考書をみて，予測した構造を確かめよ.

2. $XeOF_4$, XeF_2, $[IF_4]^-$, SF_4 の立体構造を VSEPR 法を使って予測せよ. 予測した立体構造について可能な異性体をすべて描け. そして，どの異性体が最も安定であるかを示せ.

5 化学結合を記述する ための混成オービタル

5.1 はじめに

ルイス式と VSEPR 法を使えば，分子の形および孤立電子対と共有電子対の数を予測することができる．これらの方法で説明できないことは何かといえば結合性である．これについての議論を進めるための方法として，二つの主要な方法がある．一つは，2 原子間に局在する 2 個の電子による局在化結合を考える方法（二中心二電子結合）である．もう一つは，分子のある部分もしくは全体に広がる分子オービタル（molecular orbital；MO）に入った電子による非局在化結合を考える方法（多中心二電子結合）である．

局在化結合による方法を **VB 法**（valence bond method，原子価結合法）とよぶ．他方，非局在化結合による方法を **MO 法**（molecular orbital method）とよんでいる（第 6 章）．二つの方法のうち，VB 法が先に展開された．この方法は，電子対をとおして結合された隣り合った 2 個の原子の結合を考えるというものである．MO 法では，原子核と内殻電子をある場所において（つまり分子の構造を仮定して）多中心（二つかそれ以上）の MO を計算し，全原子価電子を MO に配置する．二つの方法とも正確な理論ではなく，近似的理論である．分光学の研究には MO 法の方が適切であろう．化学結合を記述するもっと洗練された数学的方法を使うと，VB 法も MO 法も正確な波動関数に近づいていく．これは，計算したエネルギーと実験的に測定されたエネルギーを比較することによって確かめられた．つまり，極限では VB 法と MO 法は同じである．

5.2 水素分子

VB 法を用いると，一方の原子の AO（atomic orbital，原子オービタル）ともう一方の原子の AO とが相互作用して結合ができることがわかる．このとき，分子内のほかの原子の AO は考えず，別べつに取り扱う．この方法を水素分子に用いてみよう．第 1 近似として，水素分子の H−H 結合は二つの原子の

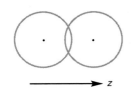

図5.1　二つの水素原子の 1s-AO の重なり

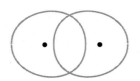

図5.2　$2p_z$-AO が約1%混じった二つの水素原子の 1s-AO の重なり

Linus Pauling（ライナス・ポーリング）：1901-1994. 化学結合の記述に関する業績がよく知られている.

H━Be━H

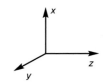

混成オービタル：異なった角運動量量子数の原子軌道を混合することにより得られる新しい原子軌道.

未混成のBe

↓

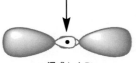

sp混成したBe

図5.3　ベリリウムの 2s と 2p からの sp 混成オービタルの形成

1s-AO 間の重なりで生じると考える（図5.1）. 実際には, これは単に第1近似に過ぎない.

　水素分子についてもっと正確な波動関数を得るために, 1s-AO の波動関数を改善したものが数多くある. たとえば, 第二の水素原子の原子核（正の電荷をもっている）によって, 第一の水素原子の 1s-AO の電子密度が変形することに注目する. これは 1s-AO の関数に $2p_z$-AO の関数を<u>わずか</u>1%だけ加えたものとして表せばよい（図5.2）. このプロセスを**混成**（hybridization）とよぶ. 水素原子の 1s-AO を図形で描いてこの効果を調べると, 第二の水素原子核の方に向かってわずかに変形した 1s-AO になる. 第二の原子の 1s-AO も同様に変形するので, 重なりが大きくなり, 結合エネルギーの計算値は実験的に測定された結合エネルギーに近づく.

5.3　混成：直線形の分子

　混成, すなわち同一の原子上の AO の混合は, 有用な数学的手段である. 混成は, 原子間における AO の混合ではない. 混成は, 簡単な二中心二電子結合（2個の原子でつくる二電子結合）という概念で, 化学結合を記述するための便利な数学的方法である. 混成は, またほかの原子の AO と大きく重なって, さらに安定な結合性 MO をつくるための方法でもある. 混成の考えはポーリング（L. Pauling）により提案された. ここでは二, 三の例を用いて混成の概念を説明しておこう.

5.3.1　BeH$_2$

　BeH$_2$ の構造を VSEPR 法で予測すると, 直線形である. 慣例により, 直線分子では結合軸を z 軸とする. 基底状態のベリリウム原子の電子配置は[He]$2s^2$で, 原子価電子は二つである. 直線形の BeH$_2$ 分子の結合の混成オービタルでは, 分子軸に沿って互いに結合角180°で二つのオービタルが並んでおり, それぞれのオービタルは結合した水素原子の方向に向いている. 2s-AO と $2p_z$-AO の数学的（波動）関数を混成すると二つの新しいオービタルができる. この<u>混成の結果, 結合軸の方向を向いた二つのオービタルができ</u>（図5.3）, おのおののオービタルには電子が1個ずつ入っている（図5.4）.

　二つの水素原子はベリリウム原子と結合して, 二つの**二電子結合**（two-electron bond）をつくる（図5.5）. これらの結合は, 1個ずつ電子が入ったベリリウムの sp 混成オービタルと水素原子の 1s-AO とが重なってできる. 得られる二つの混成オービタルは等価であり, 両方とも s 性を50%, p 性を50%もっている. この場合は, s-AO 一つと p-AO 一つを使って混成するので, これら二つの混成オービタルを sp 混成とよぶ. 通常, 得られた混成オービタルには主量子数を書かない.

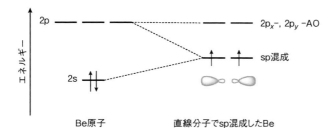

図 5.4 BeH₂ 中の混成されたベリリウムとベリリウム原子を表している
エネルギー準位図（尺度はなし）
分子中の二つの sp 混成オービタルは，ベリリウムの 2s–AO と 2pz–AO から組
み立てられている．

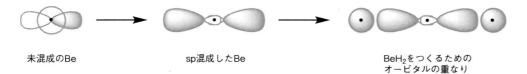

未混成のBe   sp混成したBe   BeH₂をつくるための
オービタルの重なり

図 5.5 ベリリウムの sp 混成オービタル，および BeH₂ をつくるための
オービタルと二つの水素の 1s–AO との重なり

ベリリウムの原子核の位置に注目してみよう（図5.6）．混成オービタルの
簡略表現（図5.5）では，原子核の位置は右側の図が正しくて，左側の図は間違っ
ている．原子核は小さなローブの<u>内側</u>に位置していて，節面のところにあるの
ではない．sp 混成オービタル〔図5.7（a）〕の一つを電子密度のドット図で
表すと，結合軸方向を向いた大きなローブと小さなローブからなることがわか
る．そして，波動関数の符号は互いに逆になっている．したがって，曲面状の
節面を一つもっている．原子核は水平線と垂直線の交点に位置し，明らかに小
さなローブの内側にある．

図 5.6 混成オービタル
黒丸は原子核．左の図は原子
核の位置が間違っている．

(a)　　　　　(b)　　　　　(c)

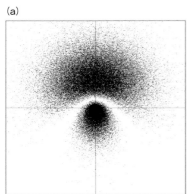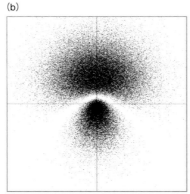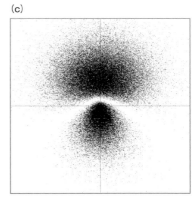

図 5.7 炭素原子の sp 混成オービタル（a），sp² 混成オービタル（b），
sp³ 混成オービタル（c）を表す電子密度のドット図
正方形の中心に原子核がいる．

原子オービタル関数を混合することが混成である.

　　ベリリウム原子と BeH_2 中の混成したベリリウムとの関係を式(5.1)に示す. 記号 $\cdot(sp)^2$ は, 二つの sp 混成オービタルに電子が1個ずつ, 計2個の電子が含まれていることを表す.

$$[He]2s^2 \xrightarrow{\text{混成}} [He](sp)^2 \qquad (5.1)$$

　　エネルギー準位図(図5.4)は, ベリリウム原子の原子オービタル(2s–AO)と直線形の BeH_2 中のベリリウムの sp 混成オービタルとの関係を表している. 二重縮重した混成オービタルのおのおのには1個ずつ電子が入っている. 混成は, 数学的モデルであり, ベリリウム原子からもたらされる物理的過程によってできたものではない. sp 混成オービタルは円柱対称性であるので σ-MO となる. 二つの混成オービタルにはそれぞれ1個ずつ電子が入っている. 数学的には, 2s と $2p_z$ の一次結合〔式(5.2)と(5.3)〕によって混成オービタルがつくられる.

$$sp(1) = \frac{1}{\sqrt{2}}(2s + 2p_z) \qquad (5.2)$$

$$sp(2) = \frac{1}{\sqrt{2}}(2s - 2p_z) \qquad (5.3)$$

$2H\cdot + \cdot Be\cdot \rightarrow H:Be:H$

　　したがって, VB法では BeH_2 の結合は共有結合2本からなる. 混成オービタルでは, Be−H 結合はそれぞれ完全に独立しているから, ルイスの表記法と一致する.

5.3.2　エチン（アセチレン）

ルイス式 : H:C:::CH

　　エチンは直線形であることを VSEPR 法により正しく予測できる. 原子のつながり方は H−C≡C−H である. エチンのルイス式は, 炭素原子間が三重結合であることを示している. したがって, それぞれの炭素原子の結合様式は, 水素原子との共有結合1本, 相手の炭素原子との共有結合3本である. 炭素原子の電子配置は $[He]2s^22p^2$ で, 炭素原子は4個の原子価電子をもっている. いくつかの点で, エチンの炭素原子は BeH_2 のベリリウム原子と類似している. 両方の炭素とも, 隣り合う二つの原子の結合角は180°である. その結果, 炭素を sp 混成で描くのが適当である. そうすると BeH_2 のように, 炭素原子の 2s と $2p_z$ が混じる. $2p_x$ と $2p_y$ は混成しないで, それぞれ1個ずつ電子を収容している〔式(5.4), 図5.8〕.

$$[He]2s^22p^2 \xrightarrow{\text{混成}} [He](sp)^22p_x^12p_y^1 \qquad (5.4)$$

　　得られる二つの sp 混成オービタルのうち, 一つは水素原子との結合に使われる(図5.9). もう一つは第二の炭素原子の sp 混成オービタルと重なって C−C 結合をつくる. 両方とも結合は σ 結合である.

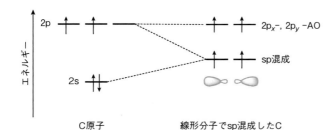

図 5.8　エチン，HC≡CH における混成した炭素と炭素原子を表している
エネルギー準位図（尺度はなし）
おのおののエチンの炭素原子の二つの sp 混成オービタルは 2s-AO，2p-AO から組み立てられている.

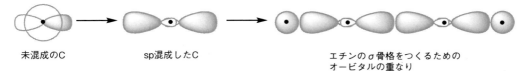

図 5.9　エチン（アセチレン）の σ 結合骨格

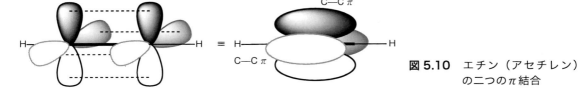

図 5.10　エチン（アセチレン）の二つの π 結合

電子が 1 個ずつ入っている 2p がまだ二つ残っている. これらは $2p_x$ と $2p_y$ で，π 対称性をもつ結合性 MO を二つつくる（図5.10）. この二つは等価な π-MO であり，互いに 90° の角度をなしている. すでに学んだ N_2 の π-MO（3.5 節）と，これらの二つの π-MO との関係に注目してみよう. 図からわかるように，HC≡CH 軸からみると，エチンは x 軸と y 軸の方向に四つのローブをもっているようにみえる. しかし，数学的には二つの π 結合を加え合わせると（訳者注：π-MO の二乗を加え合わせると），対称性は完全な円柱対称になる（図5.11）. 二つの結合した直交している円柱対称な π オービタルは，C≡C 結合まわりに自由に回転する. エテンのように一つの二重結合もつ分子では，C=C 結合まわりの自由回転はみられず，C=C 結合まわりの回転がかなり制約される.

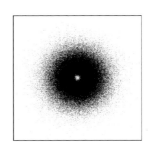

図5.11　CH≡CHに沿ってみた二つの π-MO を表す電子密度のドット図

5.4　三方平面形混成

三方平面構造の分子は，VSEPR 法の予測どおり分子の形を決める電子対を三組もっている. 三方平面形混成オービタルをつくる最も手軽な方法は，s-AO 一つと p-AO 二つを混成させることである. このようにしてできる混成

を sp² 混成とよぶ．得られる三つの混成オービタルは等価であり，それぞれ s 性は 33.3％，p 性は 66.7％になっている．炭素の sp² 混成オービタルの一つが図 5.7（b）に示されている．

5.4.1　BH₃

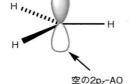

BH₃ の座標軸の定義

空の 2p$_z$-AO

$3H\cdot + \dot{B}\cdot \longrightarrow H\!:\!\ddot{B}\!:\!H$

VSEPR 法により，BH₃ のホウ素原子の構造は三方平面形であることを予測できる．通常，分子面に垂直な方向を z 軸とする．ホウ素の電子配置は [He]2s²2p¹ であり，ホウ素原子は三つの原子価電子をもっている．三方平面形の BH₃ 分子中の結合の混成オービタルはそれぞれ結合角 120° に三つのオービタルが配置し，それぞれのオービタルは結合した三つの H 原子に向いている．2s-AO，2p$_x$-AO，2p$_y$-AO の関数を混成すると，これらの要求を満たす三つの新しい混成オービタルが得られる〔式（5.5）〕．これらは，1 個の s-AO と 2 個の p-AO からつくられるので sp² 混成という．それぞれに電子が 1 個ずつ分配される．残った 2p-AO（2p$_z$）には電子が入っておらず，非結合性オービタルである（図 5.12）．この式の（sp²)³ 成分は，sp² 混成オービタルには 3 個の電子を収容することを意味する．

$$[He]2s^2 2p^1 \xrightarrow{\text{混成}} [He](sp^2)^3 \tag{5.5}$$

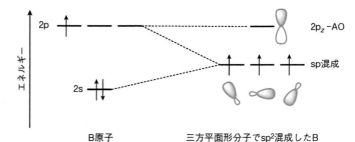

図 5.12　BH₃ 中の sp² 混成されたホウ素原子を表しているエネルギー準位図（尺度はなし）
BH₃ 中の三つの sp² 混成オービタルはホウ素の 2s-AO，2p$_x$-AO，2p$_y$-AO から組み立てられている．

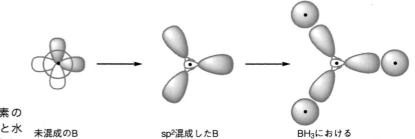

図 5.13　BH₃ 分子でのホウ素の sp² 混成オービタルと水素の 1s-AO との重なり

　これで3個の水素原子の 1s-AO と重なるための sp^2 混成オービタルが準備できた（図5.13）．それぞれの結合は σ 結合である．このようにしてできる構造はルイス式に対応している．

5.4.2　エテン（エチレン）

　VSEPR 法は，エテンの炭素原子の結合様式がほぼ三方平面形（結合角が 120° の平面構造）であると予想する．C=C 結合軸を z 軸とし，分子面に垂直に x 軸をとる．C の 2s-AO，2p$_z$-AO，2p$_y$-AO の混成により，三つの等価な三方平面の混成オービタルができる〔式 (5.6)，図5.14，5.15〕．

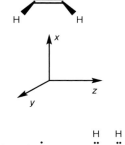

$$[\text{He}]2s^22p^2 \xrightarrow{\ \ 混成\ \ } [\text{He}](sp^2)^32p_x^1 \tag{5.6}$$

sp^2 混成オービタルのうちの二つは，水素原子と結合するのに用いられる．第三の混成オービタルは，第二の炭素原子の sp^2 混成オービタルと重なり，C−C 結合をつくるのに用いられる（図5.14）．その結果，混成しない 2p$_x$-AO が残る．この 2p$_x$-AO は，第二の炭素原子の 2p$_x$-AO と重なって π 結合をつくる

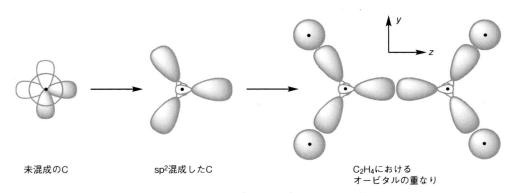

図 5.14　エテン（エチレン）の σ 結合骨格

未混成のC　　　　sp^{2}混成したC　　　　C$_2$H$_4$における　オービタルの重なり

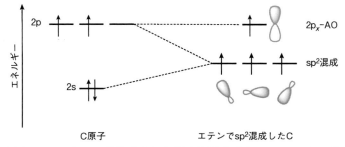

図 5.15　C$_2$H$_4$ 中の sp^2 混成された炭素原子を表しているエネルギー準位図（尺度はなし）

　エテン中のおのおのの炭素の三つの sp^2 混成オービタルは，炭素の 2s-AO，2p$_z$-AO，2p$_y$-AO から組み立てられている．

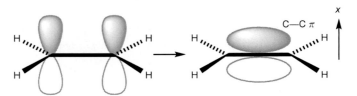

図 5.16　エテン（エチレン）の π 結合

ように配向されている（図 5.16）．このように，混成オービタルの方法はルイ
ス式と同じ構造をつくりだす．

5.5　混成：正四面体形の分子

　四つの結合をつくるためには正四面体に配置された四つの軌道が必要である
ので，正四面体構造の分子では四つの混成オービタルが必要になる．これは一
つの s-AO と三つの p-AO を混合することによってつくることができる．その
ような混成を sp^3 混成という．得られる四つの混成オービタルは等価であり，
s 性が 25 %，p 性が 75 % になっている．炭素原子の sp^3 混成オービタルの一
つが図 5.7（c）に示されている．

5.5.1　メタン

　基底状態の炭素原子の電子配置は $[He]2s^22p^2$ で，炭素には四つの原子価
電子がある．s-AO と三つの 2p-AO から四つの等価な sp^3 混成ができる〔式
(5.7)，図 5.17，5.18〕．四面体の結合角は 109.5° で，数学的にきわめて自然
である．混成の観点からメタンの結合は，結合角が 109.5° の等価な 4 本の
C−H 結合になる（図 5.17）．

$$[He]2s^22p^2 \xrightarrow{\text{混成}} [He](sp^3)^4 \tag{5.7}$$

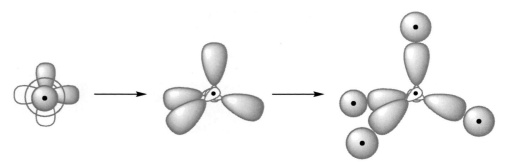

sp³混成したC　　　　　　　　　CH₄におけるオービタルの重なり

図 5.17　メタンの σ 結合骨格

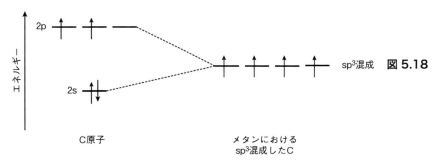

図 5.18 CH_4 中の sp^3 混成された炭素原子を表しているエネルギー準位図（尺度はなし）メタン中の炭素の四つの sp^3 混成オービタルは炭素の 2s–AO, $2p_x$–AO, $2p_y$–AO, $2p_z$–AO から組み立てられている.

5.6 混成：d-オービタルの使用

VB 理論に混成を使用すると便利であるが，典型元素の化合物に d-AO を使うときには注意が必要である．これはオクテット拡張をもたらす．たとえば，PF_5 中のリンは 10 個の原子価電子をもち，SF_6 中の硫黄は 12 個の原子価電子をもつ．PF_5 や SF_6 のような分子における結合の記述として d-AO が関与しないものもあるが，これは本書のねらいから外れる．

5.6.1 三方両錐体形の分子

PH_5 は仮想的な分子であるけれども,実在する PCl_5 のような分子よりもオービタルは少なく簡単な分子であるから，結合の原理を説明するためには都合がよい．この分子の構造は，VSEPR 法により三方両錐体であると予測される．三つの<u>エクアトリアル</u>の水素原子は中心原子（P）について互いに $120°$ の角度をなしているのに対し，二つの<u>アキシアル</u>の水素原子は互いに $180°$ の角度をなし，エクアトリアルな水素原子とは $90°$ の角度をなしている．慣例により，アキシアル結合を z 軸とする．x 軸と y 軸はエクアトリアル平面上にとる．この二つの座標軸のうち，一つは結合軸方向に置き，もう一つはそれと $90°$ の角度をなすようにとる．リン原子と結合する水素原子は 5 個であるから，PH_5 をつくるためには，リン原子上に五つの AO を用意しなければならない．s-AO と p-AO は合わせて四つしかない．一つの方法としては，混成するには五番目の AO として一つの 3d-AO を使うことである．リン原子の基底状態では，3d-AO はすべて空である．3s と三つの 3p と $3d_{z^2}$ を混成させることで，五つの dsp^3 混成オービタルの三方両錐体ができあがる〔式（5.8）〕.

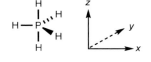

$$[Ne]3s^23p^3 \xrightarrow{\text{混成}} [Ne](dsp^3)^5 \tag{5.8}$$

三方両錐体の構造ではアキシアルの原子とエクアトリアルの原子とは違うので，正確にいえば，この場合の混成オービタルはすべて等価というわけではない．したがって，前に議論したように少し違った状況での混成ということになる．五つの dsp^3 混成オービタルにはそれぞれ 1 個ずつ電子が入り，そのため

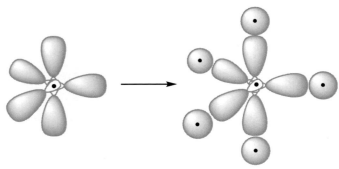

図 5.19　リンが dsp³ 混成している
ときの PH_5 の σ 結合骨格　　　　dsp³混成したP　　　　　　　　PH_5のσ結合骨格

水素原子の 1s–AO と混成オービタルの一つが重なり，二電子局在化結合をつくる（図 5.19）.

水素原子は用意されたリン原子の混成オービタルと重なり，五つの σ 結合をつくる．このような結合様式は，PCl_5 のような分子にも適用できる．リン原子の混成は PH_5 の場合と同じであるから，dsp³ 混成オービタルとの結合に用いられるのは塩素のどの AO であるかを決めることだけが残されている．塩素原子の電子配置は ［Ne]3s²3p⁵ であるから，1 個だけ電子が入って<u>リン原子の方を</u>向いている 3p–AO が用いられる．しかし，別のやり方として，塩素原子について sp 混成をさせ，<u>リン原子の方を</u>向いている混成オービタルと<u>リン原子と反対方向を</u>向いている混成オービタルをつくる方法もある．後者のオービタルは孤立電子対となり，前者のオービタルは電子を 1 個もち，リン原子と結合するのに都合のよいオービタルとなる．アキシアルに結合した原子とエクアトリアルに結合した原子は違った環境に置かれているので，適当な条件のもとで NMR スペクトルを測定すれば，アキシアルの原子とエクアトリアルの原子は別べつのシグナルを示すはずである．

5.6.2　混成：正八面体形の分子

SH_6 は現実には存在しない分子であるけれども，正八面体の混成の原理を説明するためには都合がよい分子である．PH_5 の場合と同じく，SH_6 は SF_6 のような実在の分子よりも簡単である．SH_6 は VSEPR 法により正八面体構造であることが予測される．6 本の S−H 結合は互いに 90° の角度をなしており，三方両錐体形とは異なってすべて等価である．硫黄原子には 6 個の原子が結合するから，必要な混成オービタルをつくるには六つの硫黄の AO が必要となる．x 軸，y 軸，z 軸を向いたものとしては，$3d_{z^2}$ と $3d_{x^2-y^2}$ があるので，それら二つの 3d–AO と，3s–AO と 3p–AO と使って，六つの等価な d²sp³ 混成オービタルができる〔式(5.9)〕．それぞれの混成オービタルには 1 個ずつ電子が入っている．水素原子の 1s–AO は用意された混成オービタルの一つと重なって二

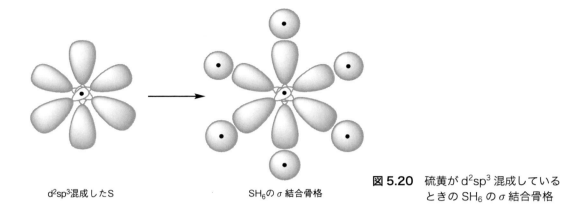

d²sp³混成したS   SH₆のσ結合骨格

図 5.20 硫黄が d^2sp^3 混成している
ときの SH_6 の σ 結合骨格

電子局在化結合をつくる．その結果，正八面体の構造が得られる（図 5.20）．

$$[Ne]3s^23p^4 \xrightarrow{\quad 混成 \quad} [Ne](d^2sp^3)^6 \qquad (5.9)$$

5.7 ベンゼン

ベンゼン C_6H_6 は有機化学で最も重要な分子の一つである．この分子は平面
構造をとり，6 個の炭素原子は正六角形の輪をつくっている．そして，それぞ
れの炭素は水素原子 1 個および隣接する炭素原子 2 個と結合している．それ
ぞれの炭素原子の立体構造は三方平面形で，sp^2 混成した炭素原子と考えるの
がよい．

σ 結合骨格は，sp^2 混成した 6 個の炭素原子によってつくられる（図 5.21）．
そこでは，それぞれの炭素原子は sp^2 混成したオービタルのうちの二つを隣接
する炭素原子との結合に使う．三つ目の混成オービタルは水素原子と結合する．

一方，分子面外の結合が最も興味深い．混成しない六つの $2p_z$ はエテンの π
結合と同じようにして重なる．局在化模型では，これらは図 5.22 のような三
つの π 結合をつくることになる．したがって，簡単な局在化模型では，ベン
ゼンはシクロヘキサトリエンになる．しかし，実はそうはならない．

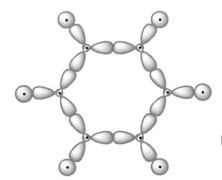

図 5.21 sp^2 混成した炭素原子 6 個
でつくられるベンゼンの σ
結合骨格

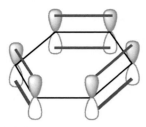

図 5.22 シクロヘキサトリエンとしてみたときのベンゼンの結合様式

　　ベンゼンをシクロヘキサトリエンとみなして，C−H，C−C，C＝C 結合のエネルギーの総和を計算すると，燃焼熱から測定された実験値に比べて約 170 kJ mol⁻¹ も小さくなる．この差はベンゼンの<u>共鳴 （resonance） による安定化エネルギー</u>である．VB 法では，ベンゼンはいろいろな局在化結合をもつ構造からできており，それらの構造全部がベンゼンの VB 法における共鳴に寄与すると考える．これらの構造は，二つのシクロヘキサトリエン構造〔図 5.23，しばしば**ベンゼンのケクレ構造**（Kekulé benzene structure）とよばれる〕と，ベンゼン環を横切る長い結合をもつ 3 個の**ベンゼンのデュワー構造**（Dewar benzene structure）である．デュワー構造の寄与は，ケクレ構造の寄与よりも小さい．ベンゼンの構造式では，非局在化を示す簡便な表記法として一つの輪を書く．

　　ベンゼンのような分子における結合を記述するもう一つの方法は，<u>π 結合系の非局在化模型</u>である．非局在化は MO 法によって適切に記述することができる．

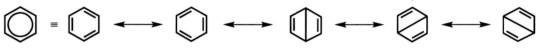

図 5.23 ケクレ構造とデュワー構造の共鳴として表されるベンゼンとその簡略表示（左）

5.8　まとめ

- 結合の混成オービタルは，二中心二電子結合から構成されているものとみなせる．
- 原子の混成オービタルは，ある比率で結合したいくつかの AO の線形結合であり，その原子に結合した原子や官能基の方向に向く．
- 分子中の特定の原子に注目したとき，その原子からできる混成オービタルとその原子のまわりの構造とは，密接にかかわっている．
- 直線構造は sp 混成，三方平面構造は sp² 混成，正四面体構造は sp³ 混成と関係がある．
- dsp³ と d²sp³ のような混成は，それぞれ三方両錐体と正八面体を形成するであろう．これらの場合，注目している原子はオクテット拡張となる．

5.9　演習問題

1. 化学結合の混成モデルを用いて，NO_3^-，O_3，H_3O^+，CO_2 の結合を記せ．
2. $[PtCl_4]^{2-}$ のような<u>平面正方形</u>の化合物の中心原子を記述する適切な混成は何か．どのような AO がこの問題に最も合っているか．

6 多原子分子の化学結合とMO法

6.1 はじめに

二つの AO（atomic orbital, 原子オービタル）が一次結合で混じり合って MO（molecular orbital, 分子オービタル）をつくるという考え方（第3章参照）は二原子分子だけに限定された考え方ではない．構成原子の AO の一次結合でつくられる MO は，多原子分子<u>全体にわたって</u>非局在化する．ここでは，二，三の簡単な分子について，いくつかの（MO 法の）原理について図形を用いて説明する．しかし読者は，この方法では，簡単な分子しか MO 法で形を<u>決定できない</u>ことを知っておかねばならない．

ほかの参考書でも述べられており，本書でもすでに触れたように，化学結合論では<u>対称性</u>の問題がとくに重要になる．分子の対称性を理解するためには<u>群論</u>が必要である．群論による取扱いから，結合性とか反結合性とか非結合性の MO になる AO の一次結合を予測することができる．これは図形で描くのではなく，数学の問題である．しかし，群論による解析が終われば，いろいろな AO の重なりを視覚化することによって，その結果を描くことができる．

残念ながら，群論は分子の形の予測には使えない．分子の形の予測には VSEPR 法が最も簡単で便利な方法である．いったん分子の形が決まると，その分子の形から許される AO の一次結合がどれであるかを群論によって決定できる．群論の方法では，得られる MO のエネルギーを決定することはできないが，可能な MO はどれであるかを教えてくれる．個々の MO のエネルギーを決定するためには，量子力学計算や光電子スペクトルのような実験的な方法が必要である．

結合性 MO：電子が占有することで分子の結合性が全体として増加する分子軌道（molecular orbital；MO）.

反結合性 MO：電子が占有することで分子の結合性が全体として減少する分子軌道．反結合性 MO のエネルギー準位は，そのもととなる価電子が入っていた AO の平均エネルギーより高いところにある．

6.2 三原子分子 EX_2

三原子分子 EX_2 の例として，水（折れ曲がり構造）や水素化ベリリウム（直線構造）がある．両方の場合，中心原子の 2s-AO と 2p-AO の混成オービタルと二つの水素の 1s-AO との重なりを考える．

6.2.1　BeH₂

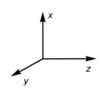

H — Be — H

BeH_2 の MO を解析すると，いくつかの有用な原理がわかる．この分子は電子対を二組もっているので，VSEPR 法から直線構造であることが予測できる．まず分子軸を z 軸と定義しよう．この目的は，水素原子2個とベリリウム原子1個が反応容器のなかで結合していくプロセスを決定することにあるのではない．分子は反応してできているものと仮定し，その化学結合を構成原子の AO を用いて表すことにある．

まずはじめに，末端の2個の水素原子の相互作用を調べる．2個の水素原子が互いにかなり離れているが問題はない．二つの 1s-AO の重なりは，かなりの距離のところでも0ではないから，2個の水素原子は離れていても，少なくとも若干の相互作用はしている．

第3章で，H_2 分子では2個の水素原子の 1s-AO が互いにどのように相互作用するかについて学んだ．BeH_2 の場合も事情は同じで，ただ原子間距離が大きいために相互作用の程度が小さいだけのことである．その結果は，**同位相**（in-phase）と**逆位相**（out-of-phase）の組合せになる（図6.1）．この二つのエネルギー差は小さい．同位相の組合せ〔対称な**群オービタル**（group orbital）という〕も，逆位相の組合せ（反対称な群オービタルという）も，二つのローブをもったオービタルになっており，ベリリウム原子の AO と相互作用する準備ができる．

次のステップは，ベリリウム原子のどの AO が水素原子の対称な群オービタルと相互作用し，どの AO が水素原子の反対称な群オービタルと相互作用するかを決めることである．ベリリウムの 2s-AO は対称な群オービタルと相互作用することは明白である（図6.2）．ベリリウムの $2p_z$-AO は反対称な群オービタルと相互作用する（図6.3）．それぞれの相互作用によって，同位相（結合性）と逆位相（反結合性）の組合せを生じる．図には，どちらの場合もエネルギーの尺度は記入していない．相互作用でエネルギーが下がるのが結合性で

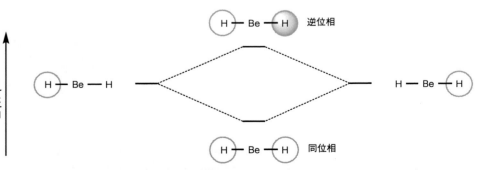

図6.1　ベリリウムの AO との相互作用を考える準備としての，BeH_2 中の二つの水素原子の 1s-AO の同位相組合せと逆位相組合せ

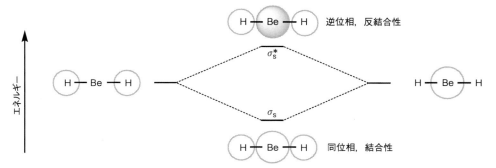

図 6.2　図 6.1 で用意した水素原子の同位相組合せと，BeH₂ のベリリウムの 2s-AO との相互作用

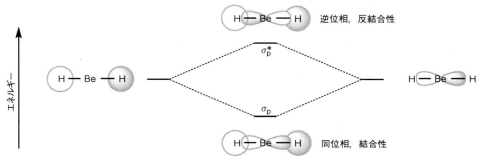

図 6.3　図 6.1 で用意した水素原子の逆位相組合せと，BeH₂ のベリリウムの 2pz-AO との相互作用

あり，上がるのは反結合性である.

　ベリリウムの $2p_x$-AO と $2p_y$-AO は相互作用からはずれている. 図で点検してみると，これらの AO は水素原子の群オービタル（同位相と逆位相の組合せ）のいずれとも重なりが 0 になることがわかる. このことを $2p_x$ について図示すると右の図のようになる. $2p_x$-AO と $2p_y$-AO は水素の 1s の影響を受けないので，これらは AO のまま，すなわち非結合性オービタルとして残ることになる.

　水素の 1s とベリリウムの 2s-AO および 2pz-AO との相互作用によって生じる四つの MO は，すべて σ 対称性であることに注目しよう. 前に述べた例と同じく，四つのうちの二つの反結合性 MO は σ* と記す. ベリリウムの AO のどれと相互作用してできたかを区別するために添字 s または p をつける. このような MO の命名法は参考書によって使い方がまちまちであり，混乱しないように気をつけなければならない.

　残るは AO の相互作用をエネルギー準位図のなかに書き込む仕事である. 図に書き込むべき MO の順番については，まだ何の手がかりも得ていない. 量子化学計算や分光学的実験の結果なしに MO の順番をつける一般的な手段は

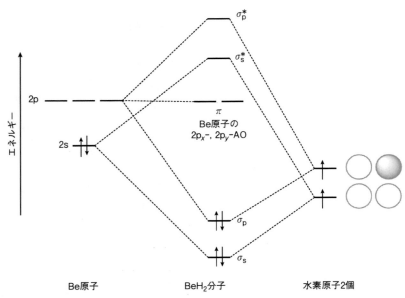

図 6.4 BeH$_2$ の MO エネルギー準位図

ない．しかし，図 6.4 の順序は正しい．

　BeH$_2$ において，ルイス式でも混成オービタルを用いた方法でも，2本の Be−H 結合が等価であると予測している．ところが，MO法では事情は少し違っている．4個の原子価電子は σ_s と σ_p という二つの結合性 σ-MO に分配される．その結果として，全部で2本の結合になる．しかし，結合は<u>三つの原子全体にわたって非局在化した MO</u> でつくられ，それぞれの MO のエネルギーははっきりと<u>違っている</u>．

6.2.2　H$_2$O

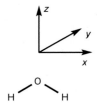

　最初のステップは座標軸を決めることである．慣例によって，z 軸は2個の水素原子の中点と酸素原子をとおる線とする．そして分子面を xz 面とする．yz 面はこの分子面に垂直である．

　この分子の形は，VSEPR 法では折れ曲がった構造をとることが正確に予測される．BeH$_2$ の場合と同様に，まず末端の2個の水素原子の 1s-AO 間の相互作用から始める（図 6.5）．得られる相互作用は，BeH$_2$ の場合とよく似ているが，この場合は分子骨格が折れ曲がっている．

　次のステップは，BeH$_2$ の場合と同様に，2個の水素原子の組合せオービタルと酸素原子の AO との相互作用を決定することである．この場合は酸素原子の二つの AO（2s-AO と 2p$_z$-AO）が水素原子の対称な群オービタルと相互作用する（図 6.6）．

　これら三つの AO（O の 2s-AO，O の 2p-AO，2H の 1s の同位相）は混成

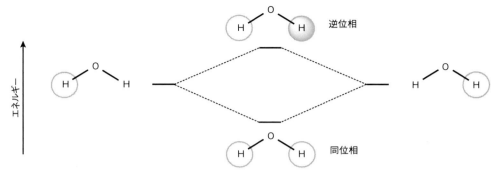

図6.5 酸素原子の AO との相互作用を考える準備としての，H₂O 中の二つの水素原子の 1s-AO の同位相組合せと逆位相組合せ

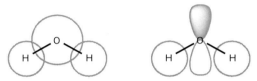

図6.6 図 6.5 で用意した水素原子の同位相組合せと，酸素原子の 2s-AO（左）および 2p-AO（右）との結合性重なり

して三つの MO を形成する．すべての場合，n 個の AO が混じり合うと n 個の MO が得られるという結果を引用するだけで十分である．

$$n \text{ 個の AO} \xrightarrow{\text{AO が混じり合う}} n \text{ 個の MO}$$

三つの AO が混じり合う場合には，通常，非常に強い結合性 MO 一つと非常に強い反結合性 MO 一つと中間のエネルギーの MO 一つの計三つの MO がつくられる（図 6.7）．この中間のエネルギーの MO は，構成原子の AO に比べて非結合性の場合もあり，弱い結合性または弱い反結合性の場合もある．この中間の MO をさらに詳しく調べるためには，詳しい量子化学計算か詳細な実験をしなければならない．

酸素の 2pₓ-AO の場合は，ベリリウムの 2p_z-AO と水素原子の反対称な群オービタルとの相互作用に似ている．ただしこの場合，分子の骨格は折れ曲がっている．得られた結合性と反結合性の MO を σ_x と σ_x^* と記す（図 6.8）．残っている酸素の 2p_y-AO は，分子平面に垂直に立っており，どの水素原子の 1s-AO ともまったく重ならないので書く必要はない．すなわち酸素の 2p_y-AO は，H₂O 分子中で酸素の AO のまま取り残され，非結合性である．第 1 近似として，2p_y-AO は原子のエネルギーと同じであるとしてエネルギー準位図のなかに書き込む．

BeH₂ の場合と同様に，σ 型の結合性 MO が二つできる．そして，これらの

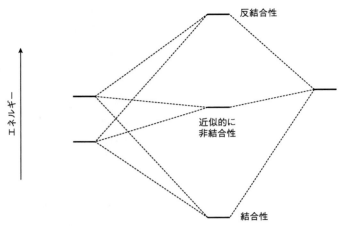

図 6.7　1 個の原子上にある二つの AO とほかの原子の AO との相互作用

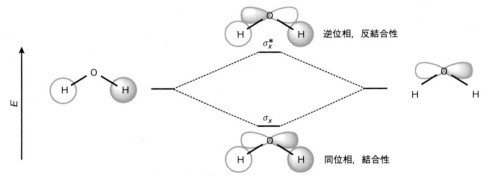

図 6.8　図 6.5 で用意した水素原子の逆位相組合せと，酸素原子の $2p_x$–AO（右）との相互作用

　二つの MO のエネルギーは同じではない．ルイス式や原子価結合法では同等とみなされる二組の孤立電子対は，MO 法では，二つの非等価な非結合性 MO に置き換えられる（一つは 3 個の原子にわたって非局在した MO で，もう一つは酸素の $2p_y$–AO である）（図 6.9）．

　非結合性 MO のうちの $\sigma_{s,z}$ を詳しく計算してみると，少しだけではあるが結合性をもつことがわかる．この MO の大きなローブは z 軸に沿って外を向いていて孤立電子対であるが，小さなローブは水素の対称な群オービタルと重なって，弱いけれども結合性相互作用をする．他方，酸素の $2p_y$–AO には 2 個の電子があり，これが二番目の孤立電子対となる．したがって，ルイス式や原子価結合法の場合と同じく実際には二組の孤立電子対をもつことになるが，MO 法ではそれらの性質は異なっている（図 6.10）．

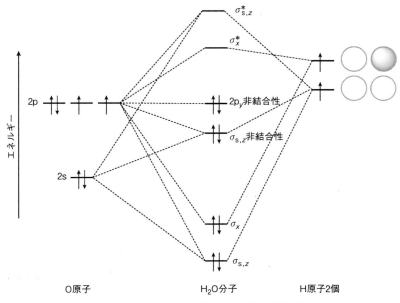

図6.9 H₂O の MO エネルギー準位図

図6.10 左：原子価結合モデルによる H₂O の二組の等価な孤立電子対,
中央と右：MO モデルで表した二組の孤立電子対

6.2.3 BeH₂ と H₂O との関係

BeH₂ も H₂O もともに EX₂ 形の分子である. しかし, BeH₂ は一般の EX₂ 形分子の特別の場合であって, その結合角は $180°$ になっている. 直線形の EX₂ 分子から屈曲形の分子へ変わっていくときの, 四つの占有MOのエネルギーに対する結合角 θ の効果を調べるのは興味深い.

まず, 最初に注意しなければならないことは z 軸についてである. 慣例により, 直線形分子 ($\theta = 180°$) では分子軸を z 軸とする. そして, 折れ曲がった分子では, X−E−X 結合の二等分線を z 軸とする. つまり, θ が $180°$ より小さくなるときは z 軸は x 軸に変わる. 逆に, θ が $180°$ のときには, x 軸が z 軸になる.

直線形分子では, $2p_x$ と $2p_y$ (θ が $180°$ より小さくなれば, ただちに $2p_z$ と $2p_y$ に書き換えられる) は非結合性MOで, しかも縮重している. $2p_y$ は結合角 θ に関係なく非結合性であり, そのエネルギーは一定である. しかし, $2p_z$ (結合角が $180°$ のときは $2p_x$) は, 結合角が $180°$ より小さくなると, すぐに水

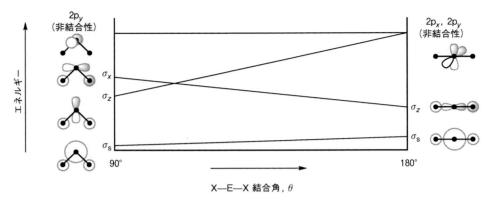

図 6.11　H$_2$O についての簡略化したウォルシュダイヤグラム

素の対称な群オービタルと少し重なりを生じる．結合角が 180° に近いところでは，重なりは非常に小さく，この結合性 MO のエネルギーは非結合性の 2p$_y$ のエネルギーとほぼ同じになる．結合角が小さくなって重なりが増加すると，エネルギーが下がる．結合角が 180° より小さいときは，この MO は σ$_{s,z}$ と記される[†1]．H$_2$O の場合には，結合角∠H−O−H = 104.5°で，この MO はわずかであるが結合性である．すべての MO のエネルギーを結合角についてプロットした図を**ウォルシュダイヤグラム**（Walsh diagram，図 6.11）という．

　ほかの MO についても考えていかなければならない．量子力学計算の結果は σ$_x$（θ = 180°の場合は σ$_z$）も σ$_s$ も結合角が変わるとエネルギーが変わる．σ$_z$-MO（θ = 180°）〔σ$_x$-MO（90° < θ < 180°）〕は θ が小さくなるとエネルギーが上がる（すなわち不安定化する）．これは，酸素の 2p$_x$-AO と 2 個の水素原子の 1s-AO との重なりが減少するからである．一方，σ$_s$-MO は，θ が小さくなると二つの水素の 1s-AO どうしとの重なりが少しでてきて，エネルギーが少し下がって安定化する．

　実際の EX$_2$ 分子の構造は，分子の全電子の総和エネルギーが極小になる構造である．直線構造の BeH$_2$ の場合は，二つの MO（σ$_s$-MO と σ$_z$-MO）だけに電子が入っており，したがって θ = 180° で極小になる．H$_2$O の場合には四つの MO に電子が 2 個ずつ入り，四つの占有 MO のエネルギーの総和が極小になるように結合角が決まる．この場合は θ = 104.5° で極小になる．

6.3　四原子分子 EX$_3$

6.3.1　BH$_3$

　BH$_3$ の構造は VSEPR 法から三方平面形の構造であることがわかる．簡単な原子価結合表示では（5.4 節）ホウ素原子は sp^2 混成をとり，3 本の B−H 結合は等価であることを示唆している．

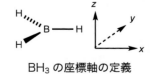

BH$_3$ の座標軸の定義

　†1 訳者注：σ$_{s,z}$ を σ$_z$ と略している場合があるから注意（図 6.11）

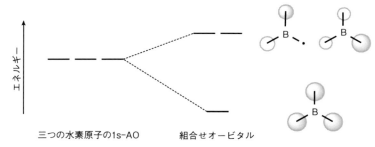

図 6.12 BH₃ の三つの水素原子の 1s-AO の混合によって生じる三つの組合せオービタル

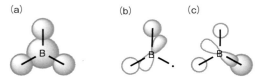

図 6.13 ホウ素原子の AO と水素原子の組合せオービタルとの重なり

BH₃ 分子の z 軸は分子面に垂直にとる．MO 法の結果を図示する方法の一つは次のとおりである．ホウ素原子の AO と相互作用するように，末端の三つの水素原子の 1s-AO を組み合わせて，新しい群オービタルをつくる．この場合は，二つではなく，三つの 1s-AO の組合せになるので，H₂O の場合よりもわかりにくい．BH₃ のような三方平面形の分子では，この組合せは二つのエネルギーに分かれ，エネルギーが高いほうは二重に縮重している（図 6.12）．縮重した二つの MO は，実際には縮重していないようにみえるかもしれないが，群論によれば，それらは間違いなく縮重している．しかし残念ながら群論の方法は，本書のレベルを超える問題である．

さて，これらの三つの新しい群オービタルとホウ素原子の AO との重なりを考えなければならない．まず第一点は，分子面に垂直な 2p$_z$ がこれらの群オービタルのどれとも混じることができないということである．まったく重ならないからである．第二点として，ホウ素の 2s-AO は水素の対称な群オービタルと重なる〔図 6.13 (a)〕．その結果，結合性 MO と反結合性 MO をつくる．第三点として，ホウ素原子の 2p$_x$-AO と 2p$_y$-AO は，それぞれ水素の縮重した群オービタルのどちらかと相互作用をする．そして，それぞれ結合性 MO と反結合性 MO をつくるが，図 6.13 (b) では結合性の相互作用だけを図示してある．

図 6.14 に示されている最終的なエネルギー準位図から，3 本の B−H 結合に対応する三つの結合性 σ-MO があることがわかる．三つのうちの二つはエネルギーが縮重しており，もう一つはこれらよりも少し安定になっている．つ

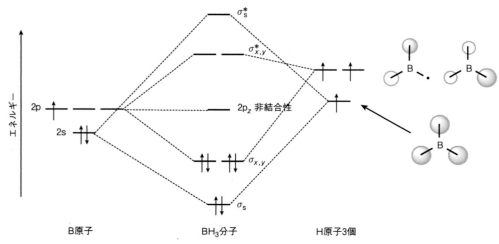

図6.14　BH_3 のMOエネルギー準位図

　まりMO法の結果は，ルイス式やVB法とは少し異なる結果になる．つまり MO法では，σ-MOは分子全体に<u>非局在化した</u>オービタルとなるが，ルイス式 やVB法では，三つの等価な<u>局在化した</u>σ結合となるのである．

6.3.2　BF_3

　BF_3 は BH_3 の場合とよく似ている．この場合には，B−F結合はフッ素原子 の群オービタルとホウ素原子の2s-AO，$2p_x$-AO，$2p_y$-AOとの重なりによっ てつくられる．定性的には三つの結合性 σ-MO のエネルギーはよく似ている． 2個ずつ電子が入った三つのフッ素原子の $2p_z$-AO（合計6個の電子）と，ホ ウ素原子の空の $2p_z$-AO の相互作用が重要である．この合計四つのAOは互い に重なって，新しく四つのMOをつくる．このMOは，対称な π-MOである（図 6.15）．この四つの構成原子のAOのどれよりもエネルギーが低いので，結合 性MOである．

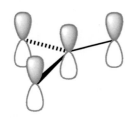

図6.15　BF_3 の結合性 π-MO

　このMOに電子が配置されると，結果としてフッ素原子のAO（$2p_z$-AO） の電子密度が，ホウ素原子の方へ移動する．ホウ素原子は三つのB−Fの σ 結 合から6個の電子を共有している．電子が2個入った π 型のMOをみれば， ホウ素原子がさらに2個の電子を共有することがわかる．その結果，共有す る電子の数は見かけ上8になる．すなわち，ルイス式の<u>オクテット則（八電 子則）に従う</u>のである．新たに加わった π 結合は3本のB−Fの σ 結合骨格上 に広がっている．したがって，B−F結合の結合次数は1＋1/3と考えてよか ろう．このB−F結合の結合次数は，次のような共鳴によって説明できる（図 6.16）．

図 6.16 BF$_3$ の共鳴構造

6.4 5-, 6-中心の MO

周囲の水素原子の 1s-AO を前もって混合し, 中心原子の AO と重ねるというBeH$_2$ や H$_2$O で用いた方法は, 異なった構造をもつほかの分子にも適用でき, 多中心錯体の MO を導くであろう. ときには, 中心原子から始めて, その後まわりの原子について考えるのがよい.

6.4.1 メタン

メタンは, 中心原子の軌道から始め, そして周辺の軌道と有効な重なりを生じる組合せとしてより簡単な事例である. このことが, 図 6.17 において炭素の 2s-AO についての例が示されている. 調査によると, 周辺の水素原子の1s-AO の波動関数の符号がすべて炭素の 2s-AO と同じであるとき, 強い結合性重なりを生じる. したがって, 結合性の組合せで得られる MO は, <u>メタン分子に含まれる 5 個の原子すべてにわたって非局在化している</u>. 反結合性の組合せは単に中心原子の 2s-AO の符号を変えるだけである.

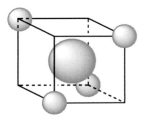

図 6.17 炭素の 2s-AOと水素の全対称な組合せのオービタルとの重なり

図 6.18 の左側に書いてある炭素原子の 2p-AO を考えてみよう. 明らかに, 下の 2 個の水素原子の 1s-AO の符号が 2p-AO の下のローブの符号と同じである場合が, 結合性の組合せである. このとき, ほかの二つの水素の 1s-AOの符号は 2p-AO の上のローブの符号と同じでなければならない. ほかの二つの 2p-AO についても, まったく同じことがいえる. 違いは 2p-AO の相対的な配向だけである. したがって, 正四面体構造のメタンでは, 2p-AO が関連

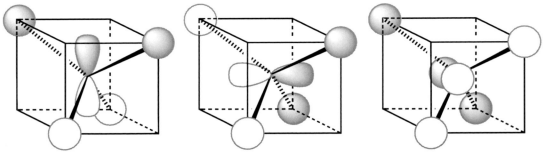

図 6.18 炭素の縮重した三つの 2p-AO と水素原子の組合せのオービタルとの重なり
正四面体の頂点は立方体の四つの頂点と関連づけられ, 立方体は三つの 2p-AO の方向を見分けるのを助けるために図中に示されている.

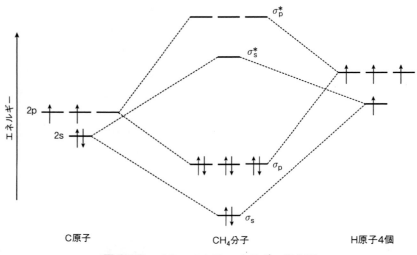

図6.19　メタンの MO エネルギー準位図

する三つの結合性 MO は縮重している．これらの結合性 MO に対応する反結合性 MO は，単に中心原子の AO の符号を逆にするだけなので，三つの反結合性 MO もまた互いに縮重している．

　メタンのエネルギー準位図を図6.19に示す．ここでは，電子によって占有されている σ-MO が四つあるが，そのうちの一つはほかの三つと異なっている．これは，sp^3 混成からつくられる 4 本の結合がすべて等しいという，おなじみのルイス式や VB 法の結果と非常に異なっている．

　実験で測定した光電子スペクトルのデータは，メタンにははっきりと区別できる二つの結合性準位があることを示唆しており，VB 法から予測されるような準位の縮重はない．このような結果から，分子の分光学的性質を考えるときには，MO 法を使うのがよいことがわかる．

6.4.2　ベンゼン

　ベンゼンのエネルギー準位図も，問題なくつくることができる．しかし，炭素原子は，それぞれ四つずつ原子価 AO をもち，水素原子はそれぞれ一つずつ原子価 AO（1s）をもっているので，原子価 AO は合計 30 となり，かなり複雑で込み入ったエネルギー準位図になる．化学反応性の立場からは，たいていの場合，σ および σ*結合骨格はほとんど問題にしなくてよく，分子面に垂直に立った $2p_z$-AO の相互作用だけが重要になる．

　芳香族化合物では，p-AO が重なり合って環を形成して π-MO をつくる．それは，等価な独立した π 結合よりも安定である．

　六つの炭素の $2p_z$-AO を一次結合することでベンゼンの π-MO をつくる導出法を述べることは，本書のレベルを超えるので，とりあえず結果だけを図示

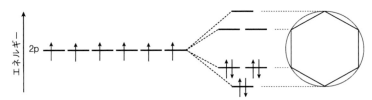

図 6.20　ベンゼンの π-MO の MO エネルギー準位図
MO エネルギーは幾何学的に計算できる.

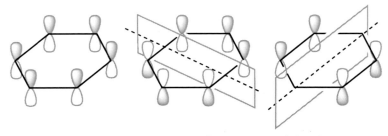

図 6.21　左：ベンゼンの最低エネルギーの π-MO，中央と右：やや弱い
結合性の縮重した π-MO

しておこう．ベンゼンの場合，六つの $2p_z$-AO を組み合わせて六つの MO が
できる．このうち，縮重しているものが二組あるので，全体として四つのエネ
ルギー準位になる．これらの準位の相対的エネルギーは幾何学的に計算するこ
とができる（図 6.20）．

　円に内接するように，すなわち頂点が円と接するように，正六角形を書く．
正六角形の頂点の一つを円の一番低いところに置けば，それよりも上にあるほ
かの頂点の相対的な高さは，ほかの MO の相対的なエネルギーを表す．もと
もと $2p_z$-AO には 1 個ずつ電子が入っている．したがって，π 結合系には 6 個
の原子価電子がある．上の図をみればわかるように，これらの 6 個の電子は，
エネルギーの低い三つの結合性 MO に入っていく．結合性 MO の図から，非
常に強い結合性 MO 一つと，結合性がそれより少しだけ弱い縮重した二つの
MO があることがわかる．それぞれの結合性 MO についての $2p_z$-AO の一次
結合を図 6.21 に図示する．

　最も強い結合性 MO は，分子面以外に，節面をもっていない．その次の結
合性 MO は，分子面以外にそれぞれ節面を一つずつもっていることがわかる．
ここには示していないが，分子面以外に三番目のエネルギー準位の MO であ
る反結合性 MO は二つの節面をもち，四番目のエネルギー準位の MO は三つ
の節面をもっている．

6.5　まとめ

- MO 法では，グループのオービタル対称性があると重なりあい，MO を形成することがわかる．
- MO は，AO を組み合わせてできた，結合性 MO，反結合性 MO，もしくは非結合性 MO からなる．
- MO には，一つもしくは二つの電子が入るであろう．
- MO は，分子中の 1 ～ n 個の原子を結合する．ここで n は分子中の原子の個数である．
- MO 法でもルイス式でもともに孤立電子対を導くことができるが，これらの孤立電子対の性質は異なっている．

6.6　演習問題

1. メタナール（ホルムアルデヒド）$H_2C=O$ と，エチン（アセチレン）$HC≡CH$ の結合を MO 法で記述せよ．また，これらの分子についてのエネルギー準位図を描け．
2. 結合性 MO の形を参考にして，ベンゼンの反結合性 MO を描け．
3. ベンゼンについて述べた幾何学的手法を使って，シクロペンタジエニルイオン $[C_5H_5]^-$ の π-MO を表すエネルギー準位図を描け．それぞれのエネルギー準位の MO を描いてみよ．

参 考 図 書

Ahmad, W.-Y., and Omar, S. (1992). Drawing Lewis structures: a step-by-step approach. *Journal of Chemical Education*, **69**, 791.

Atkins, P.W., and de Paula, J. (2014). *Atkins' Physical Chemistry*. 10th ed. Oxford: Oxford University Press：中野元裕ほか 訳,『アトキンス物理化学（上・下）第10版』, 東京化学同人 (2017).

Bishop, C.B. (1990). Simulation of Rutherford's experiment. *Journal of Chemical Education*, **67**, 889.

DeKock, R.L., and Gray, H.B., (1991). *Chemical Structure and Bonding*. 2nd ed. Sausalito, CA: University Science Books.

Freeman, R.D. (1990). 'New' schemes for applying the Aufbau principle. *Journal of Chemical Education*, **67**, 576.

Gillespie, R.J. (1992). Multiple bonds and the VSEPR model. *Journal of Chemical Education*, **69**, 116.

Gillespie, R.J. (1992). The VSEPR method revisited. *Chemical Society Reviews*, **21**, 59.

Gillespie, R.J., and Hargittai, I. (1991). *The VSEPR Model of Molecular Geometry*. London: Prentice-Hall International.

Giunta, C. (2015). Classic chemistry—selected classic papers from the history of chemistry. Available at: http://web.lemoyne.edu/giunta/ (accessed 1 October 2015).

Housecroft, C., and Sharpe, A.G. (2012). *Inorganic Chemistry*. 4th ed. Harlow: Pearson：巽　和行ほか 監訳,『ハウスクロフト無機化学（上・下）』, 東京化学同人 (2012).

IUPAC (International Union of Pure and Applied Chemistry). (1997). *Compendium of Chemical Terminology*. 2nd ed. Compiled by A.D. McNaught and A. Wilkinson. Oxford: Blackwell Scientific Publications. (This is the 'Gold Book'.) Available at: http://goldbook.iupac.org/ (accessed 1 October 2015).

Pardo, J.Q. (1989). Teaching a model for writing Lewis structures. *Journal of Chemical Education*, **66**, 456.

Pauling, L. (1960). *The Nature of the Chemical Bond*. 2nd ed. Ithaca, NY: Cornell University Press：小泉正夫 訳,『ポーリング化学結合論入門』, 共立出版 (1968).

Pauling, L. (1992). The nature of the chemical bond. *Journal of Chemical Education*, **69**, 519.

Scerri, E.R. (2007). *The Periodic Table: Its Story and Its Significance*. Oxford: Oxford University Press.

Shannon, R.D. (1976). Revised effective ionic radii and systematic studies of interatomic distances in halides and chalcogenides. *Acta Crystallographica Section A*, **32**, 751.

Shannon, R.D., and Prewitt, C.T. (1969). Effective ionic radii in oxides and fluorides. *Acta Crystallographica Section B*, **25**, 925.

Shannon, R.D., and Prewitt, C.T. (1970). Revised values of effective ionic radii. *Acta Crystallographica Section B*, **26**, 1046.

Suidan, L., Badenhoop, J.K., Glendening, E.D., and Weinhold, F. (1995). Common textbook and teaching misrepresentations of Lewis structures. *Journal of Chemical Education*, **72**, 583.

Webster, B. (1990). *Chemical Bonding Theory*. Oxford: Blackwell Scientific Publications.：小林　宏, 松沢英世 訳,『原子と分子：化学結合の基本的理解のために』, 化学同人 (1994).

Weller, M., Overton, T., Rourke, J., and Armstrong, F. (2014). *Inorganic Chemistry*. 6th ed. Oxford: Oxford University Press.：田中勝久ほか 訳,『シュライバー・アトキンス無機化学（上・下）第6版』, 東京化学同人 (2016).

Winter, M.J. (2015). WebElements periodic table. Available at: http://www.webelements.com/ (accessed 1 October 2015).

Winter, M.J. (2015). Orbitron gallery of atomic orbitals. Available at: http://winter.group.shef.ac.uk/orbitron/ (accessed 1 October 2015).

用語解説

HOMO（highest occupied molecular orbital）
最高被占分子軌道.

LOMO（lowest unoccupied molecular orbital）
最低空分子軌道.

p-ブロック元素（p-block element）
周期表の六つの族（13〜18族）を含む元素.

VSEPR（valence shell electron pair repulsion）
原子価殻電子対反発.

【あ】

イオン化エネルギー（ionization energy）
電子を1個最高被占準位から $n=\infty$ の準位に移動させる（すなわち電子を1個取り去る）のに要するエネルギー.

イオン化エンタルピー（ionization enthalpy）
反応 $M \to M^+$ におけるエンタルピー変化.

イオン結合（ionic bond）
陽イオン（カチオン）と陰イオン（アニオン）の電荷の間で起こる静電引力からなる，電気陰性度が大きく異なる原子間での結合.

陰イオン（アニオン，anion）
一つ以上の負の電荷をもつ原子か化合物.

運動量（momentum）
運動量＝質量×速度. 速度（ベクトル）を定義するためには，速さと方向の両方が必要である.

【か】

希ガス（貴ガス，noble gas，または rare gas）
He, Ne, Ar, Kr, Xe, Rn.

基底状態（ground state）
エネルギー準位の最低のギブズエネルギー（Gibbs energy）状態.

共鳴混成（resonance hybrid）
分子の局在化した原子価電子結合の表現. いくつかの分子は数個の共鳴混成で表記されうる.

共有結合（covalent bond）
電子の共有によって生じる原子核間に位置する電子密度の領域.

供与結合（dative bond）
分子種間で相互作用を形成した配位結合，そこで電子対共有により一つは供与体，ほかの一つは受容体となる.

結合次数（bond order）
ルイス式で与えられた二つの原子核間における電子対結合の数，典型的には1（エタンのC−C結合），2（エテンのC＝C結合），3（エチンのC≡C結合）.

結合性 MO（bonding molecular orbital）
電子が占有することで分子の結合性が全体として増加する分子軌道（molecular orbital；MO）.

結合長（bond length）
化学結合において二つの原子の中心間距離.

原子（atom）
正電荷の原子核と，そのまわりにある負電荷の電子からなる元素を特徴づけている最も小さい粒子.

原子価電子（valence electron）
コア電子ではないすべての電子.

コア電子（core electron）
原子番号が小さい方で最も近い希ガスの電子数に相当する内殻の電子.

光子（photon）
電荷がなく，質量もなく，スピン量子数が1で，電磁力をもたらす粒子.

孤立電子対（lone pair）
ほかの原子と共有しない原子価電子対.

混成軌道（hybrid orbital）
異なった角運動量量子数の原子軌道を混合することにより得られる新たな原子軌道（atomic orbital；AO）.

【さ】

最高被占分子軌道（highest occupied molecular orbital；HOMO）
電子が占有されている最高のエネルギーの分子軌道.

第5章

5.1 答. 孤立電子対の分は省略

  NO_3^- ；sp^2 混成の σ-MO 三つに電子 2 個ずつと等価な共鳴構造三つ

  O_3 ；sp^3 混成の σ-MO 三つに電子 2 個ずつ

  H_3O^+；sp^3 混成の σ-MO 三つに電子 2 個ずつ

  CO_2 ；sp 混成の σ-MO 二つに電子 2 個ずつと π-MO 二つに電子 2 個

    ずつ

5.2 答. sp^2d 混成

第6章

6.1 答.

  $HC{\equiv}CH$ ；

  $H-C$ に局在する σ-MO（結合性と反結合性二つずつ）：σ_1, σ_2, σ_1^*, σ_2^*

  $C-C$ に局在する σ-MO（結合性と反結合性一つずつ）：σ_3, σ_3^*

  $C-C$ に局在する π-MO（結合性と反結合性二つずつ）：π_1, π_2, π_1^*, π_2^*

$$\sigma_2^* \;\text{——} \quad \text{——}\; \sigma_1^*$$

$$\text{——}\; \sigma_3^*$$

$$\pi_2 \;{\uparrow\downarrow} \quad {\uparrow\downarrow}\; \pi_1$$

$$\uparrow\downarrow\; \sigma_3$$

$$\sigma_2 \;{\uparrow\downarrow} \quad {\uparrow\downarrow}\; \sigma_1$$

（$H_2C = O$ の解は省略）

6.2 ヒント：図 6.20 と図 6.21 を参考にする．反結合性 MO は全部で三つある．

    全部逆位相の組合せの MO が最もエネルギーが高い．

  答.

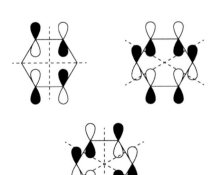

6.3　答.

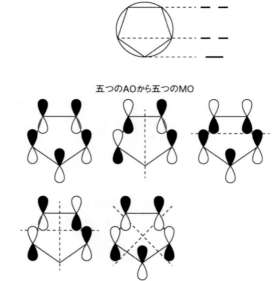

五つのAOから五つのMO

索 引

◆ 訳者紹介

西本 吉助
にし もと　きち すけ

1932 年　兵庫県生まれ
1955 年　大阪市立大学理学部卒業
2013 年　逝去
　　　　元 大阪市立大学名誉教授
専　攻　理論化学
理学博士

岩崎 光伸
いわ さき　みつ のぶ

1963 年　兵庫県生まれ
1993 年　東京工業大学理工学研究科博士
　　　　後期課程修了
現　在　近畿大学理工学部教授
専　攻　無機材料化学
博士（工学）

Chemistry Primer Series ④

フレッシュマンのための化学結合論（第 2 版）

第 1 版　第 1 刷　1996年11月25日
第 2 版　第 1 刷　2020年 3 月30日
　　　　第 5 刷　2024年 3 月 1 日

訳　　　者　　西 本 吉 助
　　　　　　　岩 崎 光 伸
発 行 者　　曽 根 良 介
発 行 所　　㈱ 化 学 同 人

検印廃止

〒600-8074　京都市下京区仏光寺通柳馬場西入ル
編集部　Tel 075-352-3711　Fax 075-352-0371
営業部　Tel 075-352-3373　Fax 075-351-8301
振替　01010-7-5702
e-mail webmaster@kagakudojin.co.jp
URL https://www.kagakudojin.co.jp
印刷・製本　西濃印刷株式会社

Printed in Japan　Ⓒ K. Nishimoto, M. Iwasaki　2020
無断転載・複製を禁ず

ISBN978-4-7598-1979-3